发现的风景最美

张俊红◎编著

新疆美术摄影出版社
新疆电子音像出版社

图书在版编目(CIP)数据

发现的风景最美 / 张俊红编著. -- 乌鲁木齐 : 新疆美术摄影出版社:新疆电子音像出版社, 2013.4
ISBN 978-7-5469-3901-8

Ⅰ. ①发… Ⅱ. ①张… Ⅲ. ①个人 – 修养 – 青年读物 ②个人 – 修养 – 少年读物 Ⅳ. ①B825-49

中国版本图书馆 CIP 数据核字(2013)第 072911 号

发现的风景最美　　主　编　夏　阳

编　　著　张俊红
责任编辑　吴晓霞
责任校对　李　瑞
制　　作　乌鲁木齐标杆集印务有限公司
出版发行　新疆美术摄影出版社
　　　　　新疆电子音像出版社
地　　址　乌鲁木齐市经济技术开发区科技园路 7 号
邮　　编　830011
印　　刷　北京新华印刷有限公司
开　　本　787 mm × 1 092 mm　　1/16
印　　张　14.5
字　　数　205 千字
版　　次　2013 年 7 月第 1 版
印　　次　2013 年 7 月第 1 次印刷
书　　号　ISBN　978-7-5469-3901-8
定　　价　44.60 元

目录

第一章　快乐微笑是人生最美丽的风景

我们每个人的快乐与痛苦都不是因为事情本身，而是我们看问题的态度。就像英国哲学家弥尔顿说的："意识本身可以把地狱造就成天堂，也能把天堂折腾成地狱。"

快乐是人生最重要的事情

我们每个人的快乐与痛苦都不是因为事情本身，而是我们看问题的态度。就像英国哲学家弥尔顿说的：“意识本身可以把地狱造就成天堂，也能把天堂折腾成地狱。”佛法也有“一切唯心造”的类似观点。佛家认为一切烦恼，皆由心生；一切痛苦，皆由心受；一切善恶，皆由心起。为什么有些人靠领救济，甚至街头要钱度日却整天乐乐呵呵？为什么有些人事事顺意，却仍然郁郁寡欢。天堂与地狱，其实就在我们自己心中，就看我们如何选择。

国学大师启功先生生前十分善于自己找乐子，他找乐子的方法就是跟孩子们相处，只要见到孩子们，他自己也变成了老顽童。不是摸摸孩子的头，就是抱起孩子亲，再就弹小脑壳儿，孩子叫他一声“爷爷”，他就高兴得合不上嘴。他还喜欢把孩子逗笑，因为他认为“听小孩笑是最美的音乐。”

驰名海外的文学大师钱钟书先生，生前也有着童心童趣，他爱看儿童动画片，爱看电视剧《西游记》，还喜欢玩一种叫“石屋里的和尚”的游戏，就是一个人盘腿坐在帐子里，放下帐门，披着一条被单，自言自语。这似乎没什么好玩，但钱钟书却能自得其乐，玩得很开心。他还喜欢临睡时在女儿的被窝里埋“地雷”：把各种玩具、镜子、刷子，甚至是砚台或大把的毛笔一股脑儿埋进去，女儿惊叫，他大乐，这种游戏钱钟书百玩不厌。

让我们来算一笔账，人的一生，除去少不更事的少年时代，除去60岁以后的垂暮之年，人生只有40年的好光景，总计14600天。就是这不到15000天的时间里，还有三分之一的时间处在睡眠之中。剩下10000天的生命，不管你是高兴地过，还是痛苦地过，结果都一样，过一天少一天。既然这样，我们还有什么理由不让自己快乐起来呢？

上帝和天使们召开了一个会议。上帝说：“我要人类在付出一番

努力之后才能找到快乐，我们把人生快乐的秘密藏在什么地方比较好呢?”

一位天使说：“把它藏在高山上，这样人类肯定很难发现，非得付出很多努力不可。”

上帝听了摇摇头。

另一位天使说：“把它藏在大海深处，人们一定发现不了。”

上帝听了还是摇摇头。

又有一位天使说：“我看还是把快乐的秘密藏在人类的心中比较好，因为人们总是向外去寻找自己的快乐，而从来没有人会想到自己身上去挖掘这快乐的秘密。”

上帝对这个答案非常满意。从此，这快乐的秘密就藏在了每个人的心中。

快乐是一种智慧。难得糊涂是快乐，笑对挫折是快乐，活得简单是快乐，身体健康是快乐，活出自己是快乐，获得成功是快乐，失去机会想得开，也会快乐。快乐能够给你一颗坦然的心、一个宽阔的视野、一个清醒的头脑，让人明白自己的生活状态，明白自己一生到底需要什么，明白真正的幸福是什么。

快乐其实很容易。人活一辈子，只有“快乐”两字让人最心动。快乐是一种生命的状态，是一种宁静的心情。

快乐是人生永恒的主题。人生没有快乐，就会痛不欲生，因此在生活中我们必须要乐在其中。快乐纯粹是内在的，它的产生不是由于事物，而是由于人们的观念、思想和态度。

有一个小和尚非常苦恼沮丧，禅师问他何故，他回答：“东街的大伯称我为大师，西巷的大婶骂我是秃驴；张家的阿哥赞我清心寡欲，四大皆空，李家的小姐却指责我色胆包天，凡心未了。究竟我算什么呢?”禅师笑而不语，指指身边的一块石头，又拿起面前的一盆花。小和尚恍然大悟。

其实，禅师的笑而不语，正是一语道破了生命的本义。他的意思是说，石块就是石块，花朵就是花朵，自己就是自己，根本不必因为别人的说三道四而烦恼，别人说的，由别人去说，那只是别人的看法而已。

生活就像一面镜子，你对它笑，它就对你笑；你对它哭，它就对你哭。任何的快乐都是自己找的，任何痛苦也都是自己找的。人之所以痛苦，不是追求错误的东西，就是没能领悟人生的真谛。如果你不给自己烦恼，别人也永远不可能给你烦恼。明白了这个道理，你的人生怎能不快乐。

有一个富翁背着许多金银财宝，到处去寻找快乐。可是走过了千山万水，也未能寻找到快乐。于是他沮丧地坐在山道旁。一个农夫背着一大捆柴草从山上走下来，富翁说："我是一个令人羡慕的富翁。请问，为何没有快乐呢？"

农夫放下沉甸甸的柴草，舒心地擦着汗水说："快乐其实很容易，放下就是快乐呀。"富翁顿时开悟：自己背负那么重的珠宝，老怕被人抢，总怕别人暗害，整日忧心忡忡，快乐从何而来？于是富翁将珠宝、钱财接济穷人，专做善事，慈悲为怀，这样行善滋润了他的心灵，他也尝到了快乐的味道。

可见，快乐是自己去创造的。它不是别人可以送给你，也不是用钱可以买得到，是靠自己用心地热爱生活，珍惜生命而体验出来的。假如自己不但善于寻找人生快乐的源泉，并且还能够使生活中快乐的源泉永远不枯竭，那么自己肯定能拥有幸福美好的人生。

人的一生，在世的时间也就那么 3 万天左右，快乐过也是一天，郁闷过也是一天。因此，无论是为人处世，还是干工作过日子，都要时常保持一颗平常心，好运来了淡然一笑，麻烦来了平静面对，始终保持愉快的心情，才无愧生命，无愧人生。想要拥有快乐其实很容易，快乐其实是一种习惯。林肯曾说过："你想要多快乐，你就能多快乐。"只要养成了快乐的习惯，我们就能与快乐常伴，生活就会充满阳光。

想要拥有快乐其实很简单。它来自快乐的交流和心灵的融洽，生活中越简单的事物越能给我们带来快乐和满足。只要你认真去体会，就会发现原来快乐就在身边。人生的追求中多一分淡泊，少一分名利就会快乐；多一分真情，少一分世俗就会快乐。正确看待自己的拥有就有快乐；少一些抱怨，就会多一些快乐；善于放下过去的不幸和荣耀，能够使自己经常快乐。

轻松地打开"快乐之门"

"你快乐吗？我很快乐。快乐其实也没有什么道理……"这首歌之所以会流传，就在于歌词中很明白地说出了一个人的快乐不必外求于人，更不需要有什么理由。

如果有人问你，你是否期望一年中的每一天都事事顺利、开开心心呢？你肯定会不住地点头。如果你真的能够把握自己的心境，获得快乐的感觉是易如反掌的事情。

有一位老太太生了两个女儿，大女儿嫁给了雨伞店的老板，小女儿嫁给了染坊的老板，正当所有人都十分羡慕老太太的好福气时，老太太却说自己整天忧心忡忡。因为每当晴天时，她生怕大女儿的雨伞卖不出去。遇上雨天，她又担心小女儿染好的布无法晾干。

最后，有个聪明人告诉老太太说："老太太，您真是好福气啊。您看下雨天一到，您大女儿那里顾客盈门，生意好得不得了；晴天一到，小女儿那里也是生意兴隆。这样说，不管天气如何，您每天都会听到女儿们的好消息啊。"老太太听完后，猛然惊觉自己过去真是糊涂了，怎么都没有想到这个道理呢？

事实上，生活往往都是如此。某些时候你觉得不幸，可能是因为你的眼睛只注意到不好的一面，而忽略了生活中的美好。如果你能够尝试着转换角度或者方向看待事物，那么，很有可能人生就会有另一种崭新的解读。

有人说，快乐不在于物质的多少，不在于你富裕的程度。而是在于你的心态。快乐是由内而外的一种感觉，这种感觉很容易给人以愉悦、兴奋，甚至是幸福的体验。

有一位年过百岁的长寿老人，每天都开开心心地过日子。有人问起他保持长寿和快乐的秘诀是什么，老人回答道："其实没有什么秘诀。我们每一个人在每天早上都有两种选择，那就是我们今天要快乐还是不快乐，你猜猜我会选择什么？我每天都希望自己能够快乐地生活，而我也就真的快乐起来了。”

因此，可以说，如果你的心选择快乐，那快乐就会像候鸟定期飞向南方一样来到你的身边。你是否经常对生活中的人、事、物感到无趣？但是你怎么解决这些问题呢？人们经常抱怨生活没有意思，但是除了抱怨，他们却什么也没有做。要知道，抱怨别人、抱怨生活都无济于事，把握好自己的情绪，是善待自己的开始。

约翰是美国一位小有名气的学者，他经常四处讲学，结交朋友。这一天，他来拜访一位很久不见的老朋友。吃过午饭，他们在朋友家下面的一个小公园里散步。当他们坐在一个长凳上聊天，一位身着西装的男士走过身边时，钱夹不小心掉在地上，朋友看了，很有礼貌地捡起来递给那位男士，但那人接过钱夹后，没说“谢谢”就径直离去。

当那位男士走了以后，约翰说：“这家伙真没礼貌，是不是？”

朋友说：“没关系。”

约翰问：“那你怎么不生气呢？”

朋友回答说：“为什么要让他来影响我的行为、破坏我的心情呢？快乐的钥匙是掌握在自己手中的啊。”

其实，人生不如意之事十有八九。如果我们任由这些人和事来决定我们的情绪，我们就在不知不觉中把心中那把“快乐的钥匙”交给别人掌管了。作为一个寻求幸福的人，应该自己掌握快乐的钥匙，不仅不用奢求别人使自己快乐，而且能将快乐与幸福带给别人。

在生活中，有太多的人极力想捕捉住快乐，但是却又不相信它唾手可得。这就好比我们忽视了自己脚边的鲜花，而拼命想去打造一个人造花园一样。其实我们只要停下追逐的脚步好好想一想，就会发现，我们体验到的快乐，不就是由身边许多小小的满足累积而成的吗？

拥有快乐的心情其实很容易，只要我们在日常生活里，能够随时发现人、事、物中令人愉快的地方，那么，即使你在生活中面临一连串的不幸，也可以随时转换心境，自我激励。

我们都能寻找到快乐

当我们在做自己喜欢的事情时，很少感到疲倦，很多人都有这种感觉。比如在一个假日里你到湖边去钓鱼，整整在湖边坐了10个小时，可你一点都不觉得累，为什么？因为钓鱼是你的兴趣所在，从钓鱼中你享受到了快乐，产生疲倦的主要原因是对生活厌倦，是对某项工作特别厌烦。这种心理上的疲倦感往往比肉体上的体力消耗更让人难以支撑。

心理学家曾经做过这样一个实验。他把18名学生分成两个小组，每组9人，让一组的学生从事他们感兴趣的工作，另一组的学生从事他们不感兴趣的工作，没有多长时间，从事自己所不感兴趣的工作的那组学生就开始出现小动作，再过一会就抱怨头痛、背痛，而另一组的学生正干得起劲呢。以上经验告诉人们，疲倦往往不是工作本身造成的，而是因为工作的乏味、焦虑和挫折所引起的，它消磨了人对工作的活力与干劲。

"我怎么样才能在工作中获得乐趣呢？"一位企业家说。"我在一笔生意中刚刚亏损了15万元，我已经完蛋了，再没脸见人了。"

很多人就常常这样把自己的想法加入既成的事实，实际上，亏损了15万元是事实，但说自己完蛋了没脸见人，那只是自己的想法。一位英国人说过这样一句名言："人之所以不安，不是因为发生的事情，而是因为他们对发生的事情产生的想法。"也就是说，兴趣的获得也就是个人的心理体验，而不是发生的事情本身。

事实上，在生活中的很多时候，我们都能寻找到快乐。正如亚伯拉罕·林肯所说的："只要心里想快乐，绝大部分人都能如愿以偿。"

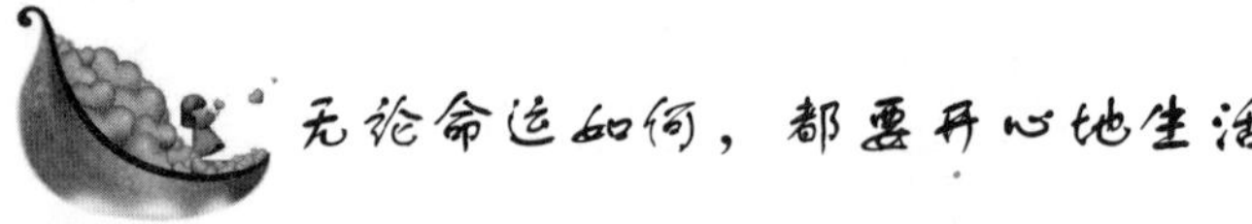

无论命运如何，都要开心地生活

命运之手似乎谁都无法左右。开心地生活着，应当是我们最好的选择。

人生在世，命运显得神秘莫测，有些不如意、烦恼，甚至不幸和痛苦，这很正常。有人会为我们每天送上一首赞美诗吗？有人会为我们每天送上一句激励的话语吗？有人会想方设法让我们的生活每天都在激动中度过吗？假如真的会这样，那么，我们的生活将是何等的幸福，我们的生命将是何等的充实与快乐啊。可是，现实生活并不能如此让我们天天怦然心动。在短暂的人生岁月里，完美离我们总是可望而不可即，许多人在现实面前，总是难以笑起来。

英国著名作家及历史学家卡莱尔在写《法国革命史》时，把完成了的手稿交给最可靠的朋友米尔，希望得到一些中肯的意见。米尔在家里看稿子时，中途有事离开，顺手把手稿放在了地板上。这时，女仆把这堆纸当成废纸，用来生火了。呕心沥血的作品在即将交付印刷前，几乎全部变成了灰烬。卡莱尔听说后异常沮丧，因为他根本没留底稿，连笔记和草稿都扔掉了，这几乎是一个毁灭性的打击。但他没有绝望，他风趣地说："就当我把作业交给了老师，老师让我重做，让我做得更好。"然后他重新查资料，做笔记，把这个庞大的作业又做了一遍。

不论在什么时候，我们都要开心地活着。当我们遇到挫折，人生失意的时候，要学会化解忧愁，学会安慰自己。当我们遇事不顺时，要经常鼓励自己，给自己增加信心。应该时时告诫自己，虽然有人已经放弃，但我们一定要坚持到底；虽然有人已经退却，而我们仍然要一直向前；假若我们看不见光明和希望，我们也要依然孤独、顽强地奋斗着，这才是成功者的素质。对于一个真正的强者来说，小小的失意根本不值得一提，那仅仅是一个小小的插曲，是事业或生活中的一点儿小麻烦，并不可怕。重要的是不管什么样的打击和失败降临，我们都应该从容应对，决不屈服。

懂得开心地生活的人，一定懂得应该如何面对风雨人生。谁都曾在风雨中长大，但我们应明白，正是因为有了风霜雨雪，我们才变得愈来愈坚强，生活才会愈来愈幸福。学会赞美自己吧，不管人生多么平凡，每个人身上都有值得别人学习的闪光点；不管生活多么平淡，每个人的心里都有洒满温暖阳光的时候。学会善待自己，激励自己，我们不可能人人都是天才，但我们可以是一个有着炽热追求和拼搏精神的人。我们也许不是最聪明的人，但我们可以做一个最有抱负和最勤奋的人。

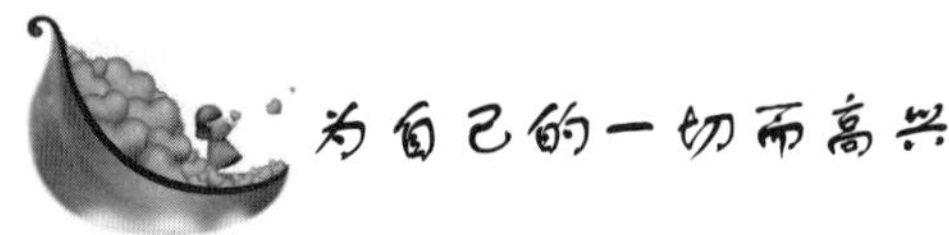

为自己的一切而高兴

开电梯的小敏有一天刚从发廊理完发来上班，楼里乘电梯的人们都说她这下更像电视里出现过的某位歌星了。说一次也罢，后来有的人确实出于好心，出于善意，往往也是出于无聊，出于没话找话，更有出于起哄的，便不断地用这类话来激小敏，比如你为什么就不去试试，也当个歌星，也上上电视呀；你为什么就甘心窝在这小笼子里呀；你这么好的相貌这么活泼的性格，为什么不去当个广告模特儿呀……有一天，众人正在电梯里起哄着，小敏就高声宣布说：“你们说的那位，顶多算个三流歌星，我可是个一流的电梯工。不是我像她，是她长得像我。”说完哈哈大笑起来。小敏在为自己高兴，她高兴自己的工作，自己的平凡，自己的不必上电视，自己的适得其所，自己的不为他人左右……

是的，要为你自己高兴，你的个子最适合于你，你的相貌为你所独有，你的身体状况即使不佳，即使有残那也无碍你内心的自尊与自爱，因为你在诚实地生活，在认真地工作，在挣得你应得的一份，在享受社会应为你提供的那一份快乐。在每天晚上问心无愧地安睡，每天清晨兴致勃勃地迎接又一个平凡而充实的日子……是的，你不一定要成为维纳斯，但你可以尽情欣赏“维纳斯星座”；你不一定要出现在电视上，但你在生活中完全可以拥有比那更多的乐趣……

争取不凡诚然可敬可佩，然而甘于结结实实的平凡，则更可爱可羡……这个世界很大，机会确实很多，然而这个世界也很小，机遇又极为难得。我们应在奋力进取与适可而止之间取得一种平衡。

这个世界不单是为不平凡的人而存在的，恰恰相反，这个世界主要是为平凡的人而存在。对你自己感到满意，才能体会出人生的真正意义。

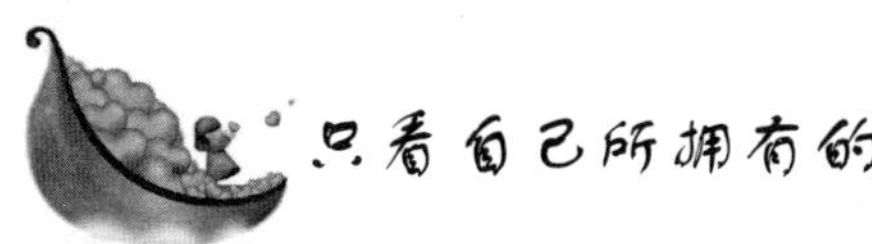

只看自己所拥有的

她站在台上，偶尔挥舞着她的双手，仰着头，脖子伸得好长好长，与她尖尖的下巴扯成一条直线；她的嘴张着，眼睛眯成一条线，诡谲地看着台下的学生；偶尔她口中也会咿咿唔唔的，不知在说些什么。基本上她是一个不会说话的人，但是她的听力很好，只要对方猜中，或说出她的意见，她就会乐得大叫一声，伸出右手用两个指头指着你，或者拍着手，歪歪斜斜地向你走来，送给你一张用她的画制作的明信片。

她就是黄美廉，一位自小就患脑性麻痹的病人。脑性麻痹夺去了她肢体的平衡感，也夺走了她发声讲话的能力。从小她就活在诸多肢体不便及众多异样的眼光中，她的成长充满了血泪。然而她没有让这些外在的痛苦击败她内在奋斗的精神，她昂然面对，迎向一切的不可能。终于获得了加州大学艺术博士学位，她用她的手当画笔，以色彩告诉人“寰宇之力与美”，并且灿烂地“活出生命的色彩”。全场的学生都被她不能控制自如的肢体动作震慑住了，这是一场倾倒生命、与生命相遇的演讲会。

“请问黄博士，”一个学生小声地问，“你从小就长成这个样子，请问你怎么看你自己？你都没有怨恨吗？”

“我怎么看自己？”美廉用粉笔在黑板上重重地写下这几个字。

她写字时用力很猛，有力透纸背的气势，写完这个问题，她停下笔来，歪着头，回头看着发问的同学，然后嫣然一笑，回过头来，在黑板上龙飞凤舞地写了起来：

1. 我好可爱。
2. 我的腿很长很美。
3. 爸爸妈妈这么爱我。
4. 上帝这么爱我。
5. 我会画画。我会写稿。
6. 我有只可爱的猫。
7. 还有……
8. ……

忽然，教室内鸦雀无声，没有人敢讲话。她回过头来定定地看着大家，再回过头去，在黑板上写下了她的结论：“我只看我所有的，不看我所没有的。”

掌声由学生群中响起，美廉倾斜着身子站在台上，满足的笑容，从她的嘴角荡漾开来，眼睛眯得更小了，有一种永远也不被击败的傲然，写在她脸上。

古希腊哲学家、科学家亚里士多德说：“聪明人并不一味追求快乐，而是竭力避免不愉快。”我们这么多年来每天生活在一个美丽的童话王国里，可是我们却在混日子，看不见生活的美丽，怨天尤人，时常感到失落。要得到快乐，请记住这条规则：“我只看我所有的，不看我所没有的。”

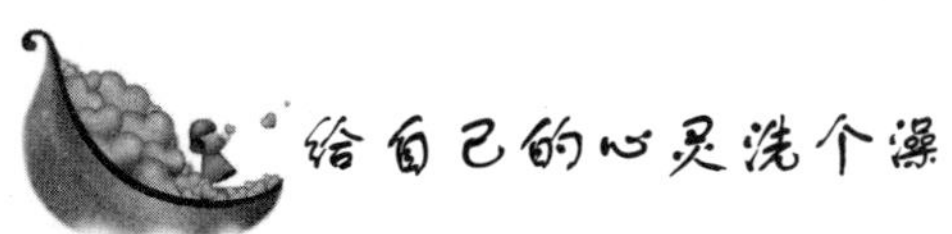

给自己的心灵洗个澡

一个人怎样才能拥有灵魂的家园？要用什么方式才能克服内心牢不可破、根深蒂固的不纯洁的思想？要经过什么样的过程才能找到驱散黑暗的光明？

大多数人的痛苦，都是因为自己看不开，放不下，一味地固执

而造成的。痛苦就犹如人心灵中的垃圾，它是一种无形的烦恼，由怨、恨、恼、烦等组成。

清洁工每天把街道上的垃圾带走，街道变得宽敞、干净。假如一个人也每天清洗一下内心的垃圾，那么他的心灵便会变得愉悦快乐了。

以前有个人在洗澡盆边写了九个字——“苟日新，日日新，又日新”。这个人在洗澡的时候，外洗身，内洗心，所以他在洗完澡后“身心舒畅”。

现在一般人洗澡，只洗身，不洗心。在洗澡的时候，还怨这个恨那个，这样的洗澡，不洗也罢。真正的洗澡，应该是外洗身，内洗心，把身体里里外外都洗得干干净净。

一个人要学会净化心灵，首先必须相信净化是令人向往的，正义是至高无上的，诚实具有永恒的力量。他必须一直秉持着神圣的美德，努力不懈并且决不退缩地去完成它。这份信念就像一盏油灯，必须保持燃烧，并仔细修剪灯芯。因为只有火焰才能让黑暗得到光明。当火焰越来越强烈，燃起的光线就越来越稳定，信心和精力也会同时增加。他的进展会随着前进的脚步而加快。最后，知识之光开始取代信心之灯，黑暗也开始在灿烂光辉中消失。神圣的生活原则将会映入他的心灵，当他一接近登峰造极的美，就会令他大开眼界，让他的心灵感受到前所未有的喜悦。

所以，一个人一旦掌握了自己内心的某些力量，他便会对在那些力量领域中运作的一切法则有所认知，重新看待自己内心的因果循环。心中有了领悟后，他会明白这些力量足以改善全人类。

而且，他看出人世间的所有法则都是人心需求的直接结果，如果将那些需求加以改造和变化后，再以改善后的法则为依归，就能够控制和克服身体内自私的力量。

这是一种心灵简化的过程，这是一个清洗心灵的过程，它将一切多余的杂质除去，只留下性格中最纯的真金。经过这样的简化，表面看来深不可测、错综复杂的内心世界就会呈现出越来越简单的面貌，直到全部改变成几项永恒的原则。然后最终合而为一，成为一个纯洁、高尚、无私的人。

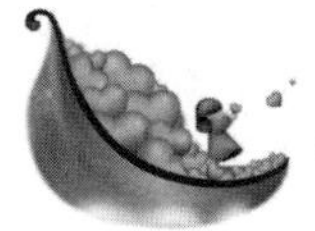

莫让贪婪之心遮住你的双眼

小鸟问它的父亲："世上最高级的生灵是什么？是我们鸟类吗？"

老鸟答道："不，是人类。"

小鸟又问："人类是什么样的生灵？人类优于我们吗？他们比我们生活得幸福吗？"

"他们或许优于我们，却远不如我们生活得幸福。"

"为什么他们不如我们幸福？"小鸟不解地问父亲。

老鸟答道："因为在人类心中生长着一根刺，这根刺无时不在刺痛和折磨着他们，他们自己为这根刺起了个名字，管它叫做贪婪。"

小鸟又问："贪婪？贪婪是什么意思？我想亲眼见识见识。"

"这很容易，若看见有人走过来，赶快告诉我。"

一会儿，小鸟便叫了起来："爸爸，有个人走过来啦。"

老鸟对小鸟说："听我说，孩子，待会儿我要自投罗网，主动落到他手中，你可以看到一场好戏。"

说罢，老鸟飞离小鸟，落在来人身边，那人伸手便抓住了它，乐不可支地叫道："我要把你宰了，吃你的肉。"

老鸟说道："我的肉这么少，够填饱你的肚子吗？"

那人说："肉虽然少，却鲜美可口。"

老鸟说："我可以送你远比我的肉更有用的东西，那是三句名言，如果你学到手，便会发大财。"

那人急不可耐地说："快告诉我，这三句名言是什么？"

老鸟眼中闪过一丝狡黠，款款说道："我可以告诉你，但是有条件：我在你手中先告诉你第一句名言，待你放开我，我便告诉你第二句名言，等我飞到树上之后，才会告诉你第三句名言。"

那人一心想尽快得到三句名言，好去发大财，便马上答道："我接受你的条件，快告诉我第一句名言吧。"

老鸟不疾不徐地说道："这第一句名言便是：莫惋惜已经失去的

东西。根据我们的条件，现在请你放开我。”于是那人便松手放开了它。老鸟落到离他不远的地面继续说道：“这第二句名言便是：莫相信不可能存在的事情。”说罢，它边叫着边振翅飞上树梢：“你真是个大傻瓜，如果刚才把我杀了，你便会从我腹中取出一颗30克拉的大钻石。”

那人闻听，懊悔不已，把嘴唇都咬出了血。他望着树上的鸟儿，仍惦记着他们方才谈妥的条件，便又说道：“请你快把第三句名言告诉我。”

狡猾的老鸟讥笑他说：“贪婪的人啊，你的贪婪之心遮住了你的双眼。既然你忘记了前两句名言，告诉你第三句又有何益？难道我没告诉你，莫惋惜已经失去的东西，莫相信不可能存在的事情吗？你想想看，我浑身的骨肉羽翼加起来不足20克拉，腹中怎会有一颗重量超过30克拉的大钻石呢？”

是的，一个小小的鸟腹中怎么会有超过30克拉的大钻石呢？人类之所以有很多烦恼，就是因为想要的东西太多，太贪婪。而鸟很容易知足，所以它们活得幸福而快乐。

让你的潜意识更积极些

如果你的潜意识中曾制造过消极的观念，那么，它就会将制造过的错误想法随时随地地归还于你，并由此将你误导。为避免遭受原有潜意识的误导，最好的方法莫过于把积极性的立场灌注于潜意识中，并努力培养积极的想法。如此，你无异是在向你的潜意识灌输真理，而不久之后，你的潜意识也将开始把这些真理归还于你，使潜意识变得积极的最佳方法便是摒除存在你思想或言谈间的消极想法。例如，每当人们意识到消极想法存在后，便会对自己的说话方式作一番分析，而且结果往往令人感到十分惊讶。因为许多人都存有类似的想法：“我担心也许会来不及”，“轮胎是不是磨损了”，“我想，我办不到那件事”，“这个工作我大概无法胜任，因为我会忙不过来”等。此外，遇到事情有不好的发展结果时，他们就会说道：“哦，果然不出我所料。”又如，在抬头望见天空布满乌云时，心情会变得忧虑起来，这些都属于“消极心态”。我们千万不可忽略“积少成多”的道理。当你的言谈中充满“消极心态”时，会不知不觉地渗入你的思想深处，并积存它的影响力量，而这种力量往往会滋长到令人惊异的地步，甚至会在不久之后使你陷入“无能症”的泥沼中。

对于这种消极的心态，最好的消除办法是，不论对任何事都要表示积极肯定的主张，如事情将有顺利的结果、能够胜任工作、不会招致失败、必会准时到达等。由于这种把积极想法说出来的做法具有相当于在内心中呼应的积极力量，因此它能使你感觉一切都在顺利地进行。

曾经有一幅引擎油的广告，上面写着：“洁净的引擎经常是力量的供应源泉。”这个广告的作者就一定有一个积极的心态，这对他的事业必定产生积极影响。换言之，洁净的心会是力量的供应来源。因此，请洗净你的思想，赋予你自身一颗洁净的心吧。为了克服障碍，你不妨采用“不相信失败”的哲学之道。通常人们处理障碍的结果往往决定于其本身所持的心态，因为人们的障碍大多数是源于心理上的问题。

请你牢牢记住：不要对自己的潜意识不断地进行消极的暗示，否则它永远无法变得积极，并且消极的潜意识会使你丧失面对困难的勇气。

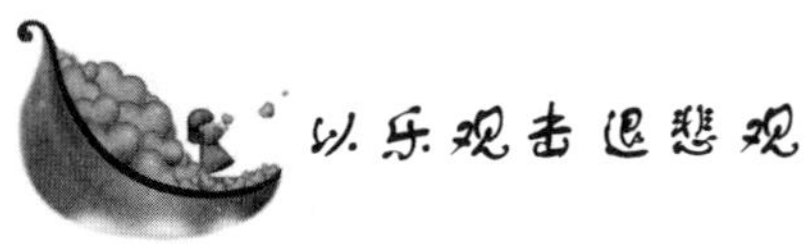

以乐观击退悲观

大凡乐观的人往往是“憨厚”的人，而愁容满面的人，又总是那些不够宽容的人。他们看不惯社会上的一切，希望人世间的一切符合自己的理想模式，这才感到顺心。

这种人常给自己戴上是非分明的桂冠，其实是一种精神折磨。

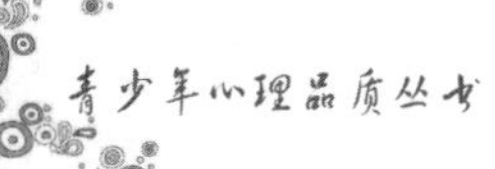

怨恨、挑剔、干涉是心理软弱、心理“老化”的表现。

遇到情绪扭不过来的时候，不妨暂时回避一下。打破静态体验，用动态活动转换情绪。只要一曲音乐，就会将你带到梦想的世界。如果你能随欢乐的歌曲哼起来，双手拍打起来，无疑，你的心灵会与音乐融化在纯净之中。同样，看场电影，散散步，和孩子玩玩游戏都能把你带到另一个情绪世界。

如果你出了工伤，只能靠轮椅行动，这对你无疑是个重大的打击。而因为有残疾的身体，往往使人变得浮躁、悲观。但是，浮躁、悲观是无济于事的，你不如冷静地承认发生的一切，放弃生活中已成为你负担的东西，终止不能取得的活动冀望，并重新设计新的生活。大丈夫能屈能伸，只要不是原则问题，不必过分固执。别人在背后说你的坏话，或者轻视、怠慢你，想想不是滋味，故以眼还眼，以牙还牙。结果你多了一个人际屏障，多了一个生活的对头，那当然也使你整日诚惶诚恐，不知他人在背后又要搞什么。

正确的方法是：净化自己的诚意，不回避对方，拿出豁达的气量，主动表示友好。这样做，使你在针锋相对、逃避退缩、一如既往的三种态度上找到最利于个人情绪健康的方式。

其实，悲观的心态并不可怕，只要你决定调整自己的心态，一切困难，都可以克服。

1. 越怕什么，就越会发生什么。因此，一定要懂得积极态度所带来的力量。相信希望和乐观能引导你走向胜利。

2. 即使处境困难，也要寻找积极因素。这样，你就不会放弃取得微小胜利的希望，你越乐观，克服困难的勇气就越会倍增。

3. 以幽默的态度来接受现实中的失败。有幽默感的人，才有能力轻松地克服厄运，排除随之而来的倒霉念头。

4. 排除悲观情绪，保持乐观健康的情绪，关键在于建立有信任、有希望、有爱的处世观，相信自己和别人都有不断改善人际关系的能力，在这个基础上设计一条自我可以接受的幸福道路。相信你的人生一定会变得更加多姿多彩。

在自己的心里种花

很少有人不喜欢花的清香，但是由于时间和空间的限制，我们几乎不可能做到每天、每时、每刻都置身于花香中。为此，有人苦恼，有人忧。佛陀十大弟子之一的阿难就是其中之一。中国台湾著名作家林清玄在他的散文《逆风的香》中作了如下描述：

有一天，阿难独自在花园里静坐，突然闻到园中的花，随着黄昏吹来的风，飘过来一阵一阵的花香。

平常有风吹着花香的时候，由于心绪波动，不一定能闻到花香。当心静下来的时候，又不一定有风吹来，所以也嗅不到花香。

那一个黄昏，阿难的心情特别的宁静，又是春天——花朵最香的时节，正好春风飒飒，缓缓吹送。在这么多原因的配合下，阿难闻到了有生以来最美妙的花香。

花香围绕着阿难，花香流过他的身心，然后流向不可知的远方，这些花香使阿难从黄昏静坐到夜里舍不得离开，这些花香也使阿难非常感动。

在感动中，阿难宁静的心也随花香飘动起来，他想到了一些从未想过的问题：草木都是开花的时候才会香，有没有不开花就会香的草木呢？花朵送香都限制在一个短暂的因缘，有没有经常芬芳的花朵呢？春花的香飘得再远也有一个范围，有没有弥漫全世界的香呢？所有的花香都是顺风飘送，有没有在逆风中也能飘送的香呢……

阿难想着这些问题，想到入神，竟然使他在接下来的几天无法静心。

有一天，阿难又坐在花香中出神，佛陀走过他静坐的地方，就问他："你的心绪波动，到底是为了什么呢？"阿难就把自己苦思而难解的问题请教了老师。

佛陀说："守戒律的人，不一定要开花结果才有芬芳，即使没有

智慧之花，也会有芳香。有禅定的心，就不必要在因缘里寻找芬芳，他的内心永远保持喜悦的花香。智慧开花的人，他的芬芳会弥漫整个世界，不会被时节范围所限制。一个透过内在开展戒、定、慧的品质的人，即使在逆境里也可以飘送人格的芬芳呀。”

阿难听了，垂手肃立，感动不已。

佛陀和蔼地说：“阿难，修行的人不只要闻花园的花香，也要在自己的内心开花——有德行的香。这样，不管他居住在城市或山林，所有的人都会闻到他的花香。”

如果我们的内心就是一个花园，人生的哪一天不是最美的花季呢？

如果我们的内心春风洋溢，人生的哪一个时候不是最好的春天呢？

如果我们有着怜爱、珍惜、欣赏的心，即使在人生的无寸草处行走，也会看见那美丽神奇的处所。

所以，春季的时候，不要忘了在自己的心里种花。

在自己的内心种花，如此简单的事情，你能做到吗？在自己的心里种花吧，这样你闻到的不仅仅是花香，还能收获好心情。

有德行的人，不但能闻到花香，也能送给别人人格的芳香。美德是世上唯一永不凋谢的花朵，人的美德犹如檀香，通过烈火焚烧，会散发出最浓郁的芳香。当你在自己的心里种花时，怡人的清香将使你陶醉其中。

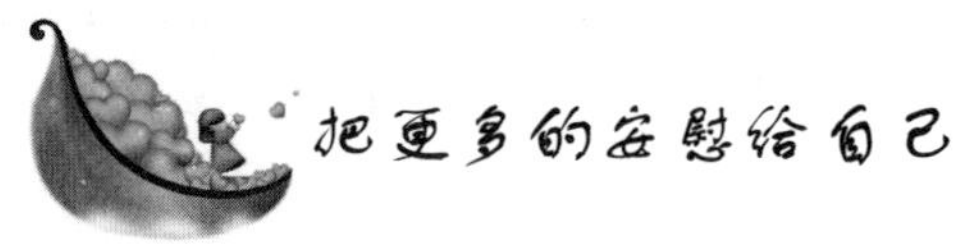

把更多的安慰给自己

一天，一位男人遇上了车祸，他失去了一条腿。当朋友们来看望他时，都为他失去了一条腿而难过时，男人却笑了。

“你难道还有心情笑吗？”朋友们都以为他精神不正常了。

“当然，当我醒后得知自己只失去了一条腿时，我就安慰自己说‘没什么，你只是失去了一条腿，而不是整个生命。’所以，我现在有足够的理由笑啊。”

过了一段日子，那位男人接到了下岗通知书，因为少了一条腿，他已无法胜任原先的岗位。

朋友们知道后，准备了一大堆安慰他的理由，准备在看望他时，好好安慰他一番。然而，令朋友们惊讶的是，当他们见到那位男人时，他正平静地坐在轮椅上，把下岗通知书折叠成了一架纸飞机，正在把它抛向天空。当他看到纸飞机随着风儿徐徐上升时，竟开心得像个小孩子似的大笑起来。

“你不难过？那可是下岗通知书啊。”朋友们问。

“既然下岗已成事实，我与其难过，还不如想‘幸好只是失去了工作，但我并没有失去再创业的勇气啊。’所以，我没有理由难过。”

后来，男人的妻子因男人残疾了，加之下岗，家里的日子越来越困难了，便在一个月黑风高之夜，卷走了家中值钱的东西，和一个流浪艺人私奔了。

朋友们知道后，都为他担心，以为男人经过这次打击，肯定会消沉的，便都赶过去看望他。当朋友们见到男人时，他正坐在空荡荡的家中，边哼着小曲，边擦洗着那条还未完全痊愈的伤腿。

“你是不是真的疯了？还有心情唱歌？”朋友们冲他喊道。

“为什么不唱？她只是背叛了我一个人，而不是背叛了整个国家。所以，我没理由不高兴，不歌唱。”

一些人在读了上面这个故事后，便会认为这位男人是个白痴，因为他在遭遇毁灭性的打击面前，还能安慰自己，给自己一份好心情，事实上，这位男人是生活中的强者、智者。

很多时候，你是不是总是忙着安慰他人，却忘了自己更需要安慰？当你在关注他人的同时，也不妨常给自己一束鲜花、一份关心、一份安慰与一个拥抱，这样就能把自己从低谷中解救出来，何乐而不为呢？

从最近的地方寻找快乐

同学聚会时，不知是谁提出将来要去西藏走一走的想法，这勾起了他们对未来生活的兴趣，高谈阔论的场景立刻展现。

“我想去桂林，这是我一直向往的地方。”阿斌说，“我要去阿尔卑斯山滑雪，去卢浮宫看画，去维也纳听音乐，最好都能实现，要不实现一个也行。”阿斌在大谈他的宏伟理想。

大家都唏嘘他的梦想，想象着自己未来的规划。

坐在一旁一直沉默不语的张志伟说：“我的心愿可没你们那么复杂，我希望明年这时候我们大家还能坐在一起，一起来吃这盒饭就行。”

“这算什么心愿呀。明摆着，都是身边的事，随时都可以实现。”大家对他的想法进行批判，简直太没有意思了。

“这简直俗得掉渣了，老土。”不知是谁冒出一句话，引来大家的一片笑声。

“对呀，我要的就是这种身边的俗事，随时都能得到，不像你们，像星空一样遥远。”

其实，这句话有很深的寓意，身边的俗事，我们可以触摸到的，或许这让我们该好好规划一下自己的想法，我们的心过于向往那些遥不可及的良辰美景，而对身边唾手可得的风景却视而不见，也正因为如此，我们才会对身边的生活生出种种的不满，没有塞纳河畔的歌声、没有香榭丽舍大街的浪漫、没有凯旋门的壮观……如果这样顺着找下去，一定还会找出许多个“没有”。

正因为总是“没有”，所以我们也总是不快乐。

我们总是错误地认为，精致的生活只有在远方才能寻找到，直到发现自己身边熟悉的风景就是别人眼里遥远的陌生，我们才发现自己错过了什么。人总是向往自己没有的，而不珍惜已经拥有的。因此，我们往往轻视身边的快乐，而总是要等到别人说：“哦，你身

边的风景太美了”之类的话时，才发现自己虽被快乐包围，却没有去享受它，这不能不说是一种遗憾。

如果你不曾感觉到快乐，那么就从最近的地方开始寻找吧。

很多人都认为，快乐是上天赐予的，自己之所以不快乐，是没有受到上苍的眷顾。事实上并非如此，因为快乐就像流动的空气，是唾手可得的，甚至可以通过一些技巧，比如练习来得到。

中国台湾有位商人，有一次乘飞机赴上海谈生意。临行前几天，由于公司出了一件事，他连续几天忙于处理，没有休息，人显得很疲劳，而且在上飞机前，他太太打来电话说上中学的儿子在体育课上受伤，已被送往了医院，所以心情很郁闷。但当他走到机舱口，看到空姐灿烂的笑容时，精神为之一振，他觉得心里轻松了许多。

商人坐在头等舱，飞机起飞后，那位空姐走过来，轻声问：“先生，您需要什么帮助吗？你看上去心情很不好。”

“哦……哦……”商人心里很是感激，他想笑笑表示感谢时，脸上的肌肉却僵硬得很。于是，他只好讷讷地说：“你的笑真甜美，能教我怎么笑得这样好看吗？”

空姐告诉商人，在训练课上，老师是如何教她想象着自己最快乐的事情，把精神调整到最佳状态，对着镜子看自己的嘴形有没有微微上翘……

几个小时后，当商人走出机场时，他又是一个自信、快乐、事业有成的中年人。

可见，快乐是可以练习的，是可以自己创造的。要想让自己快乐，并不复杂。然而，我们在烦恼的时候，却总是任由坏情绪来吞噬自己，不懂得快乐可以通过一种技能去获得。

比如在心情晦暗时，你可以约一好友，找一个安静的茶楼，去品一杯龙井，同时说出自己的郁闷，这样心灵既得到了休憩，你也能忘掉烦恼；当工作中遇到难题时，你大可不必抱怨老板把艰巨的任务交给你，也不必抱怨同事袖手旁观，更不必借酒浇愁，你只需走到窗前，推开窗户，在做深呼吸的同时，静静地看着大街上的车流和人群，这时压力就会减轻，也许解决问题的灵感也已出现……

快乐不是奢侈的事情，它不需要大量的金钱、美满的生活、幸

运的机会作为基础，它是可以练习甚至是可以想象的。比如，你经常练习快乐，你就能快乐；你经常想象自己快乐的样子，微笑就会出现在你脸上。

也许，快乐就在你给朋友发的短信中，就在与家人的度假中，就在一段奥妙的音乐中，就在一本充满哲理的书中……

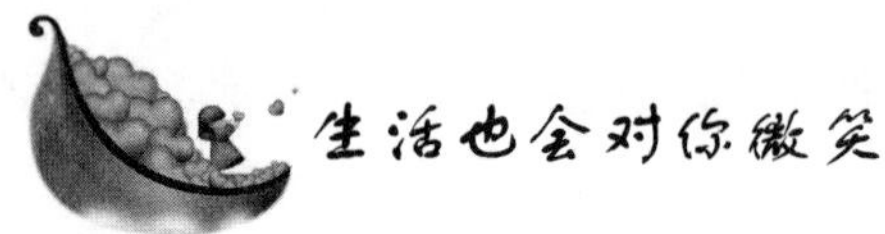

生活也会对你微笑

从前有一个女人，有一天早晨当她醒来照镜子时，发现自己的头上只剩下了三根头发。

“哦，”她说，“我想我今天应该把头发编起来。”

于是她用三根头发编个了辫子，并度过了美好的一天。

第二天早晨，当她醒来照镜子时，看见自己的头上只有两根头发了。

“嗯，”她说，“我想我今天应该梳个中分的发型。”

于是她梳了个中分的发型，并度过了精彩的一天。

第三天早晨，当她醒来照镜子时，注意到自己的头上只有一根头发了。

“哦，”她说，“我今天的发型应该是马尾辫。”

于是她将最后一根头发垂在了脑后，并度过了非常开心的一天。

第四天早晨，当她醒来照镜子时，看到自己的头上已经一根头发都没有了。

“太棒了！”她大声说道，“今天我不必为发型伤脑筋了！”

心态决定一切。

同一件事情，由两种不同的心态去做，就可能产生截然相反的结果。乐观面对生活，生活也会对你微笑，总是怨天尤人的人，又怎么会感到快乐呢？你的心态就是你真正的主人，你要去驾驭生活，而不应让生活驾驭你。

一辆车在红灯信号前停了下来，车里有两个人，开车的人什么

话也没说。

坐在旁边的另一个人则焦躁、恼怒地说："时间就浪费在这些红灯上了，一个人简直可以用这些时间来写一本书了！"

司机仍然默不做声。

旁边的那个人最后说道："你没听到我在说什么吗？"

"没有。"

"怎么可能呢？"

"我正在谈话。"

"你在和谁谈话？"

"我在和上帝谈话，"他说，"我已经养成了一个习惯——每次在红灯前等待的时候，我都会为一个朋友祈祷。在我的祈祷名单上有那么多人，并且用这种方式，我可以有时间为这么多人祈祷，这真是太美妙了。"

喜笑颜开是一天，愁眉苦脸也是一天，你愿意选择怎么过？遇到问题时也同样如此，是焦躁不安、怨天尤人，还是平心静气、沉着应对，你会怎样选择？答案很明显。当然，道理谁都明白，但能否做到，就要看你对自己情绪的掌控能力了。

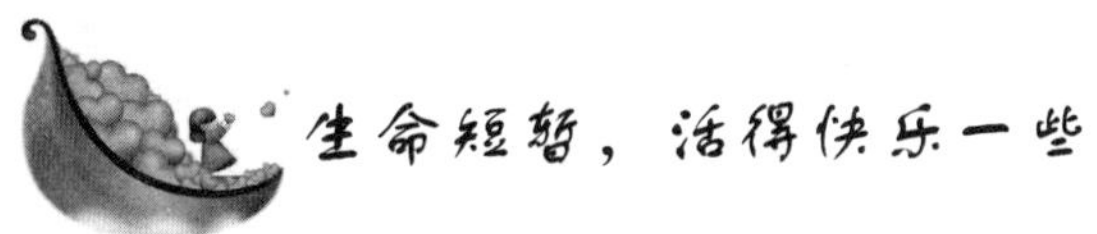

生命短暂，活得快乐一些

有一个宫廷弄臣，有一天，他的玩笑开得有些过分，令国王感觉到被羞辱了。国王大发雷霆，于是下令处死这个弄臣。朝中大臣都向国王求请，请他宽恕这个为他效劳这么多年的人。不久之后，国王大发慈悲，让他选择一种死法。那个秉性难移的弄臣回答道："如果对您来说无所谓的话，陛下，我想选择老死。"

当然，在这种情况下，良好的幽默感救了这个人一命。对我们来说，也是如此。我们或许不会面临这种需要用机智来救命的情形，但事实证明，我们的幽默感以及笑对世事的能力对我们的健康极为有益，可以提高我们的生命质量。诺曼·库森斯在他的著作《疾病的解剖》中曾提及他是如何以每天不断的笑声治愈了自己的癌症的。他租了许多喜剧影片，在病房中连续看上好几个小时。由于已经被诊断为癌症晚期，因此他也没什么可失去的了。他的“经验”可以作为“欢笑治愈疾病”的经典例子。如果笑声对库森斯所患的威胁生命的疾病都有效，那它就更能增强、保护我们健康的身体。我们应该常常开怀大笑，这对我们的消化系统和心理状态都极为有益。此外，生命如此重要，不要对它过于严苛。

“生命如此重要，不要对它过于严苛。”其实，我们也可以从另一个角度来看这个问题，那就是：“生命如此短暂，没有什么过不去的坎儿，一切都可以轻松面对，这样才会活得更加快乐一些。”

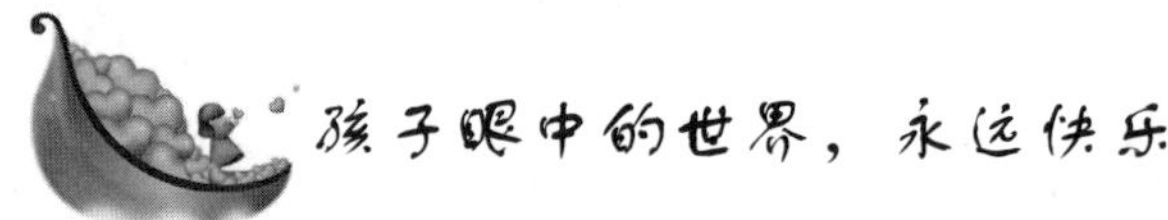

孩子眼中的世界，永远快乐

当我看到一棵蒲公英时，我看到的只是许多会侵入我的院子的种子；而在我的孩子们的眼中，那是送给妈妈的花，是可以寄托希望的、随风飘送的白色绒毛。

当我看到一个酒鬼向我微笑时，我看到的只是一个充满难闻气味的、肮脏的人，或许还想到他会向我索要钱财，于是，我转过了脸去。而在我的孩子们的眼中，那只是一个向他们微笑的人，而他们也会报以微笑。

当我聆听喜爱的音乐时，如果我知道自己找不着调、跟不上节奏，那我就会自觉地坐在那里静静地听。而我的孩子们如果感觉到了音乐的节拍，就会随着节奏舞动起来，他们还会跟着哼歌词，如果听不懂，他们就自己编歌词。

当我感觉到劲风扑面时，我只会裹紧衣服，顶风前行。我所想到的，只是被风吹乱的头发和前行的困难。而我的孩子们则会闭上眼睛，张开双臂，享受御风飞翔的乐趣，然后在落回地面时开怀大笑。

当我在祈祷的时候，只会说感谢主与我同在，请赐予我这个，赐予我那个。而我的孩子们则会说:“主啊!今晚请别让我再做噩梦。我会想念我的妈妈和爸爸。”

当我看见一个泥水坑的时候,我会绕开它,我所想到的是沾满泥水的鞋和衣服,以及脏污的地毯。而我的孩子们则会坐在里面,他们想到的是堆水坝,阻住水流,以及与小虫子一起玩耍。

尽管名声不好,但蒲公英仍然是非常可爱的小花,它们那黄色的花瓣都卷向花心。当被抓在孩子脏兮兮的小手中的时候,它们的确是最美丽的花。没有人会因为采摘蒲公英而被责骂,它们的生长或许只是为了供孩子们玩耍取乐。

蒲公英总是被忽视或被抨击,从来没有得到过培育或关怀,然而它们始终灿烂地绽放花朵。它们从不要求娇生惯养或特别的关注来使它们鲜艳的花朵得以生长,它们可以在原野上、草坪上、人行道的缝隙中甚至街区中茁壮成长。你想过试着在花园里种植蒲公英吗?它们会偷偷地穿过花园边界,在附近的草坪上露出鲜黄色的脸孔,它们决不会原地不动的!

我们应该更像蒲公英一样。我们鲜黄色的脸孔应该提醒人们,即使是简单的信念,只要根基牢固,也会坚定不移的。我们庞大的数量向世界表明,即使我们并不奇特也不珍稀,但我们却可以无处不在,甚至在街区中也能看到我们的身影。

我们也应该像蒲公英那样易于接近。我们要走出我们的花园,从人们认为能够在那里找到我们的区域的边界跳出来。我们要在所有需要明亮的地方展示我们鲜黄色的脸孔——人行道的缝隙里,或是乡村俱乐部的草坪上。

我不知道我们是在教孩子,还是在向孩子们学习?

随着年龄的增长,人会变得越来越成熟,童真的乐趣也会在不知不觉间离我们越来越远。其实,这个世界并没有变,变的是我们的心灵,只要不放弃心底那份对纯真的渴望和热情,就会永远快乐。

让我们微笑面对一切

他这一生永远不会忘记地震那天的惨状！

那天，他像平时一样和同学们坐在窗明几净的教室里上课。突然，教学楼开始剧烈地摇晃了起来，教室四周的墙壁在剧烈的震颤中纷纷脱落。教学楼里顿时响起了一片尖叫声，被吓坏了的学生们在老师的带领下迅速向楼下跑去。

可就在这时，随着一阵惊天动地的巨响，教学楼“轰”的一下倒塌了。正在向外跑的他和很多老师同学一起被压在了废墟中，立刻陷入了可怕的黑暗中。无边的黑暗，呛人的烟尘，撕裂般疼痛的伤口让他感觉到极大的恐惧。

短暂的恐慌过后，他渐渐恢复了理智。他意识到越是在这种极其危险的环境里，就越要保持平稳的心态，尽量想办法求生才是当下最迫切的事。

可是，很快他就失望地发现，四周除了死一般的寂静之外，还是寂静。他不禁打了个冷战。忽然，他脑海中闪过了以前和同学们在一起欢笑打闹的场景。他发现，只要自己想起以前快乐的事情，心里就异常地平静。于是，他就趴在废墟里想着以前的种种快乐。

就这样，靠着这些让人开心的回忆，他硬是在黑暗的废墟中挺了过来。不知道过了多久，他忽然发觉自己头上似乎有人在朝这个方向走来，于是，他连忙拼尽全力大喊起来。

救援人员惊喜地发现在这片废墟下还有生还者，他们连忙展开救援。但是，他所处的位置极其复杂，几个小时过去了，还是不能把他救出来。时间飞快地流逝，废墟里的他已经很久没有声音了。救援人员喊了半天，他还是一点声音都没有。就在所有人都怀着悲壮的心情继续救援的时候，废墟里的他突然开口说话了，活着真好！他的声音，让救援人员惊喜万分，更加拼命地挖了起来。人们终于将废墟里的他挖了出来。当大家小心翼翼地把他抬回地面时，这个刚刚从死亡边缘逃回来的男孩忽然露出了灿烂的微笑，并且向人们用力挥了挥手！

短暂的惊愕之后，在场的人都哭了出来，一个外国记者简直不敢相信这个男孩竟然如此乐观，情不自禁地轻捂着嘴，泪如雨下。

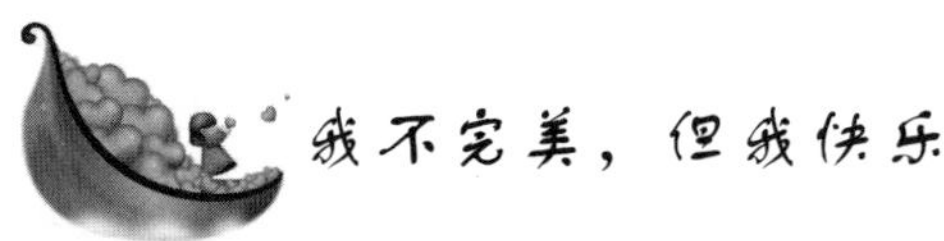

我不完美，但我快乐

那是我在佛罗里达州大学读书的第一个学期。我常感觉浑身无力，无精打采，有时候甚至要很费力才能从床上爬起来，并且瘦了20磅。但因当时忙于紧张地复习功课和为佛罗里达州美国小姐比赛做准备，我顾不上关注自己的身体状况。

然而在决赛的那一天，我头晕、恶心，几乎晕倒在后台上。父母将我送到医院，并做了血样化验。

几天后，我被允许回到学校。期末考试就要到了，我必须把更多的时间放在复习功课上。

正在我埋头苦读时，电话铃响了。“尼科尔，你的血液化验结果出来了……”妈妈沉默了几秒钟，才开口说道，“你的血糖是509。”“那意味着什么？”我不解地问。“宝贝，只有在126以下才是正常的。”妈妈极力掩饰着她的痛苦低声说。

又是一阵长长的沉默。妈妈艰难地告诉我：“孩子，你得了糖尿病。”

糖尿病？我怎么会得糖尿病？不，这不是真的，一定是搞错了。

妈妈告诉我她所能为我做的一切。最后她说：“孩子，你不得不回家好好休养。记住，不要吃太甜的东西，或许会好一些。”

会好一些吗？我挂断了电话，走到我那小冰箱前打开门。

哦，甜食，是我这个年龄的人喜欢吃的东西，也是我的最爱。难道以后我就要和它们说拜拜了吗？我再也不能享受这些美味了吗？我不信！我拧开两瓶苏打水，一口气全喝了下去，然后直奔自助餐厅。我在盘子里装满布丁、甜点和蛋糕，含着泪水全部吞了下去。

那一夜，我不停地呕吐，直到失去知觉。第二天早晨，当我费力地睁开眼睛时，我发现自己又回到了医院。

“尼科尔，你必须接受现实，并使自己平静下来。”医生说，“你必须调整你的生活方式和饮食习惯，不然你的血糖会大幅波动。糖尿病并不是不可治愈的。从现在开始，保持健康是你最重要的事情。”

“我的学业怎么办，还有我的比赛?”我问。

“学校的课程一般都很紧张，而你现在最重要的是把血糖降下来，所以，你最好放弃学业。至于比赛，那就更不可能了。”

我跌落在病床上。“我的生命就此结束了。”我想。

一名护士让我的悲伤颓废情绪开始好转起来。“尼科尔，得了糖尿病并不是世界末日。”她拿了一个托盘放在我面前，托盘里面有一个注射器和一个橘子。“你以后要每天注射胰岛素，你要用这个橘子做实验学会自己给自己注射。记住，如果你接受了你的病，并能照顾好自己，你就能做你想做的任何事情。”我在橘子上扎了20多针后，才鼓起勇气在自己身上扎了第一针。

我休学了，回到佛罗里达西米诺尔镇的家里。我一个星期去三次教堂，每天都在祈祷：“上帝，救救我吧！如果你能将这病魔驱走，我将心满意足。”

也许上帝拒绝了我的请求，我决心要像没有得病时一样生活下去。我回到了学校，完成了学士学位，并继续攻读硕士学位。我疯狂地关注我的血糖，希望能看到期望的正常值。为此我付出了许多努力，哪怕是最小的事情：多睡半小时，早餐吃少量的面包，午餐和晚餐吃同样的食物……

在学校，我只告诉几个人我得了糖尿病，我还继续参加选美比赛。我想，人们一定会认为选美获胜者是完美无缺的，所以我不能让所有人都知道我有病。1997年，我获得了“苹果花”小姐选美赛的冠军，这意味着我将有资格参加弗吉尼亚小姐的比赛。如果赢了，我将被送去参加美国小姐的比赛。

我得知使用一种胰岛素泵，就不用再自己注射胰岛素了。但是，当我拿到那个胰岛素泵时才发现，无论我把它固定到腰带上还是身体的其他地方，人们都会看到，尤其是比赛时的裁判会看得更清楚。不，我不愿在这么多人面前使用这个东西。于是，我把它放回了原来的盒子里。

选美比赛如期举行，我坚持注射胰岛素，吃规定的食物，按时休息。但是在比赛前夕的一个早晨，我又一次昏倒在地。当我睁开眼时，我躺在妈妈的怀里，医护人员围在我身边，赛事管理员凝视着我，我的早餐放在地上。

“妈妈，很多人都知道了吗?”这是我说的第一句话。

“不，没有人知道。”妈妈将我紧紧抱住。

我请求赛事管理人员允许我继续参加比赛，他们同意了。那几天，我想忘掉那个早晨，但是我忘不掉。我明白其实每个人都已经知道我得了糖尿病，我是一个有缺陷的选美小姐。最后，我终于鼓起勇气，把那个比寻呼机还大的胰岛素泵带在了身上。结果是，因为我的诚实，我赢得了那场比赛。

在参加美国小姐选美的大赛上，除了游泳之外，我一直带着我的胰岛素泵。我并不在意人们知道我有糖尿病，“这就是我，”我想，“我不完美，但我快乐。”

在主持人宣布获胜者之前，我一直都很平静，我的目标达到了。我想要做的，就是告诉自己以及和我一样被病魔缠身的人们：病魔并不可怕!

当1999年美国小姐的桂冠戴到我头上，我走向那些想认识我的人们时，我的心中充满了骄傲，还有什么比这更完美的呢?

赛后，有记者问我：“得了糖尿病，你如何生活?”

“这是一种挑战。自从得了糖尿病，我懂得了很多。我知道，我是个坚强的人。”我回答。

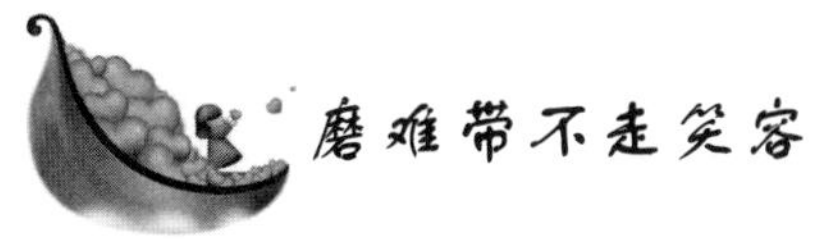

磨难带不走笑容

10年前，两岁的英国小女孩汉娜·克拉克因为心脏患有重病，

接受了心脏移植手术。10 年后，她的心脏恢复了活力，身体却又开始排斥移植的心脏，于是接受了心脏摘除手术。现在，12 岁的汉娜身体健康，还打算参加运动会。

1996 年，两岁的汉娜患上了心股症，心脏是正常心脏的两倍大，可能在一年之内衰竭。而在当时，用于治疗心力衰竭的人造泵还非常不可靠。

为了挽救她的生命，英国著名心脏病专家马格迪为她实施了心脏移植手术，将一位捐赠者提供的心脏移植到小汉娜的右胸腔内，和汉娜原来的心脏缝合在一起，由捐赠者的心脏承担血液循环工作，而她原来的心脏则长期“休眠”。

在英国，接受过这种手术的总计有 130 人。汉娜的心脏仍留在原来位置，医生们抱有一丝希望，希望它有朝一日能够自我修复，从“休眠”状态醒来。

手术之后，新心脏表现不错，两个心脏一直“合作愉快”。但从 3 年前，汉娜原来的心脏逐渐“苏醒”，恢复功能。到了去年 11 月，心脏病专家在对汉娜进行例行检查时发现，汉娜的身体开始排斥她原来的“救命恩人”——捐赠者的心脏。

今年 2 月，在马格迪医生的指导下，一组心脏病专家再次对汉娜进行手术，这一次是要摘除那颗被排斥的心脏，将汉娜的心脏血管重新接合到她原来的心脏上。

这种先移植后摘除的心脏手术，在英国绝对是首例，在全世界恐怕也是第一例。

汉娜说：“我住进医院的时候，真的很紧张，但现在我很激动。手术完成了，我只想快点回学校上学。那颗心脏被取走的时候，我还觉得有点儿空虚，但现在好多了。”

她的母亲伊丽莎白说，一开始，医生们不愿摘除那颗心脏，因为他们以前从来没有做过这种手术。几周之后，医生终于同意做这个手术。在汉娜父母的要求下，已经退休的马格迪医生也复出，担任手术的技术指导。伊丽莎白说：“医生们最初估计手术至少要 8 个小时，但不到 4 个小时就做完了。他们还说过，手术后汉娜得在重症监护室待上几周，甚至几个月。但她恢复很快，手术 5 天后就出

院回家了。”

马格迪医生说：“10 年前，我记得给这个病情很重的小女孩做过手术，那是我做过的最好的手术之一。现在的手术则证明，人体心脏肌肉可以从严重的损伤中恢复过来，这是一个令人激动的好消息。”

汉娜在 1996 年接受心脏移植手术后，曾先后得过肾衰竭、败血症以及肺炎。在这些病治愈后，医生又告知她父母，她患上了淋巴癌，患病的部分原因是在接受心脏移植手术后，由于一直使用抗排异药物，结果削弱了身体抵抗癌细胞的能力。

不过，在今年 1 月接受化疗之后，汉娜的淋巴癌也治愈了。在接受“摘心”手术之后，她也无需再使用抗排异药物。汉娜的医生说，她现在不需要使用大量药物了，她的健康前途一片光明。

40 岁的伊丽莎白在谈到女儿时说：“她这么小，受过的苦比别的小孩都要多。她能够完全恢复，绝对是一个奇迹。她受了那么多磨难，却总是面带微笑，我们都叫她‘阳光小女孩’。”

汉娜热爱生活，她现在感觉非常好，已经在考虑参加今年的运动会了。她想参加游泳、跳远以及乒乓球比赛。伊丽莎白说：“她可能不是最优秀的运动员，但我们都以她为荣。”

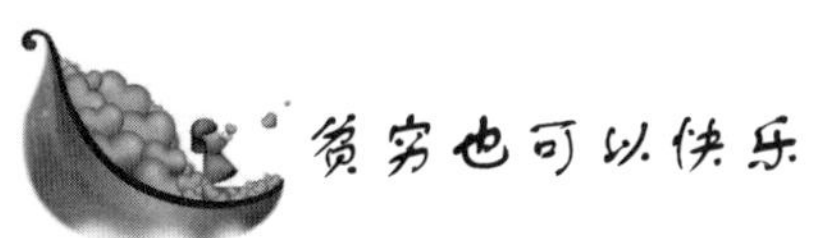

贫穷也可以快乐

日本喜剧泰斗、著名作家昭广的成长故事一直是日本父母教育孩子的样本。在日本战后那段物质极度匮乏的日子里，这位老人的外婆用信念和智慧精心料理自己的生活，虽然身处困境，却依然用满腔的热情去搜索快乐和幸福，用真心去展露笑容。她不仅仅用自己勤劳的双手把生活打理得温暖而光亮，而且教会了外孙如何在困境中发现幸福和快乐，如何在挫折中保持坚强。

二战结束以后，因为生活的变故，年仅 8 岁的昭广被寄养在乡下的外婆家里。外婆家十分贫穷，昭广喜欢运动，外婆没有能力为他购买体育用品，就建议昭广练习跑步，因为跑步是不用花钱的，没想到昭广后来竟然成了运动会上的赛跑明星。

为了维持生活，外婆在家门外的小河里横着放了一根木头，用以拦截上游漂浮过来的各种物品和穿破的衣物，还有一些不够新鲜的蔬菜，畸形的水果，树枝等，外婆说这是她家的超市。每当上游漂下来很多东西的时候，看着这些“战利品”，昭广和外婆都会为这意外的收获而欢呼雀跃。树枝晾干就可以生火，长得不规则的萝卜切成小块儿以后味道与好萝卜一样，畸形的黄瓜切成丝以后味道与好黄瓜也没有两样。有时候什么也没有拦到，外婆会自言自语地说：“今天超市休息吗?”有一件事情昭广一直很奇怪，外婆每天从外面回来的时候，腰里都系着一根长长的绳子，绳子后面拴着一块东西，每走一步就发出嘎啦嘎啦的声响。他奇怪地问外婆，为什么故意拴一个东西影响自己走路呢？外婆笑着告诉他，那是一块磁铁：“光是走路什么事情也不做，多可惜，带着这块磁铁，你看，可以带回很多东西的，可以卖不少钱的。不拣起这些废弃的东西，老天是要惩罚的。”他看到外婆拿起磁铁，上面沾满了螺丝、钉子、铁条等，放进一个铁桶里，里面已经有了不少类似的东西了。

昭广小学时的成绩一直不好，每门功课总是考 1 分、2 分、3 分 (5 分制)。每当昭广把成绩单拿回家的时候，外婆看着成绩单就会说：“不错，加在一起不就是 5 分多了吗？人生就是总合力。”昭广与外婆一起生活了 8 年之久。在开朗、乐观的外婆那里，昭广从她朴素而真挚的生活故事中学会了一个人如何面对艰苦和挫折，如何微笑着面对困境。

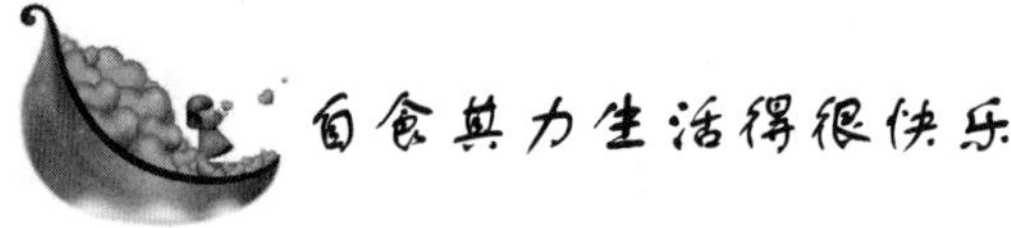

自食其力生活得很快乐

汽车工人比尔在一次事故中遭遇工伤，右眼球被迫摘除。这使他十分悲观。

他的休假一次次被延长，妻子苔丝负担起了家庭的所有开支，而且她在晚上又兼了一份职，她很在乎这个家，她深爱着自己的丈夫，想让全家过得和以前一样。苔丝认为丈夫心中的阴影总会消除的，那只是时间问题。

但糟糕的是，比尔另一只眼睛的视力也受到了影响。比尔在一个阳光灿烂的早晨，问妻子谁在院子里踢球时，苔丝惊讶地看着丈夫和正在踢球的儿子。在以前，儿子即使到更远的地方，他也能看到。

苔丝什么也没有说，只是走近丈夫，轻轻抱住他的头。

比尔说："亲爱的，我知道以后会发生什么。我已经意识到了。"

苔丝的泪就流下来了。

其实，苔丝早就知道这种后果，只是她怕丈夫受不了打击要求医生不要告诉他。

比尔知道自己要失明后，反而镇静了许多，连苔丝也感到奇怪。

苔丝知道比尔能见到光明的日子已经不多了，她想为丈夫留下点什么。她每天把自己和儿子打扮得漂漂亮亮，还经常去美容院，在比尔面前，不论她心里多么悲伤，她总是努力微笑。

几个月后，比尔说："苔丝，我发现你新买的套裙那么旧了！"

苔丝说："是吗？"

她奔到一个他看不到的角落，低声哭了。她那件套裙的颜色在太阳底下绚丽夺目。

苔丝想，还能为丈夫留下什么呢？

第二天，家里来了一个油漆匠，苔丝想把家具和墙壁粉刷一遍，让它在比尔的心中永远是一个新家。

油漆匠工作很认真，一边干活还一边吹着口哨。干了一个星期，终于把所有的家具和墙壁都刷好了，他也知道了比尔的情况。

油漆匠对比尔说："对不起，我干得很慢。"

比尔说："你天天那么开心，我也为此感到高兴。"

算工钱的时候，油漆匠少算了100美元。

苔丝和比尔说："你少算了工钱。"

油漆匠说："我已经多拿了，一个等待失明的人还那么平静，你告诉了我什么叫勇气。"

但比尔却坚持要多给油漆匠 100 美元，比尔说：“我也知道了原来残疾人也可以自食其力生活得很快乐。”

油漆匠只有一只手。

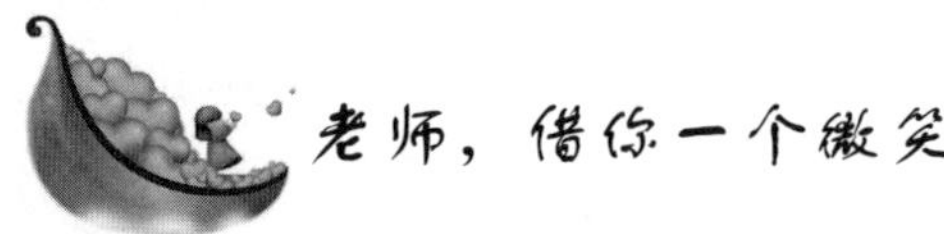

老师，借你一个微笑

李俊是个性格内向的学生，阅完的试卷一发下，我发现他眉头又锁到一起了，他只得了 58 分。

一个从来不及格的学生，自信心有多差就不用说了。

我合上教案面无表情地走出了教室，李俊跟了上来，他喉头动了一下，然后眼泪就要掉下来了。我站住，等他说话。同学们也围了上来，他的脸涨得通红。我静静地站着，希望他能开口，但他的嘴唇好像紧紧锁住了似的。

他递过一张纸条：“老师，我的物理太差，您能不能每天放学后为我补一个小时的课?”

我可以马上答应他，但面对这样的一个学生，我决定“迂回”一下。我牵着他到僻静处说：“老师答应你的要求，可这两天我太忙，你等等好不好?”他有些失望，但还是点点头。我知道他中计了，接着说：“你必须先借一样东西给我!”他着急起来，可还是说不出一句话。

“你每天借给我一个微笑好不好?”

这个要求太出乎他的意料，他很困惑地看着我。我耐心地等待着，他终于眼噙泪花艰难地咧开嘴笑了，尽管有些情不由衷。

第二天上课，我注意到李俊抬头注视我，我微笑着，但他把脸避开了，显然他还不习惯对我回应。我让全班一起朗读例题，然后再让他重读一遍。他没有感觉我为难他，大大方方地站起来读了。也许想起了昨天对我的承诺，读完后，很困难地对我笑了笑。见他这样，我心生一计，又给他设置了一道障碍。我说：“你复述一下题目的要求。”这回他为难得快要哭了。不少同学对他的无能表现很不耐烦，七嘴八舌地争着说起来，我制止住了大家。他终于张口了，语无伦次。我笑着让他坐下。

他开始和同学来往了，一起上厕所，回教室……这样过了好长一段时间，我都没提为他补课的事。一天下课李俊又拦住我，我知道他要干什么，很幽默地向他摊开手。他一愣，“老师您要什么?”我说：“你写给我的条子呀。”他笑了，“我不写条子了，您给我补补课吧。”我面带笑容：“功课你不必着急，到时我会主动找你的，但我向你借的你还没给够我。”

“好的，我一定给足您。”等他高高兴兴又蹦又跳地走出好一段路后，我才像想起来什么似的把他叫回来，递给他一张纸条，那里有我为他准备的一道题。我告诉他，一天之内把它做出来，可以和同学讨论，也可以独立完成。我知道，他宁可“独吞”，也绝不会和同学讨论的，这正是性格内向学生的最大弱点。下午他说还没做出来，我有点不高兴，说晚自习你还没做好，我可要收回承诺了。自习时我见他站在一个男生边上，忸忸怩怩很不自然的样子，我得意地笑了。就这样我先后为他写了 4 张纸条，题目一次比一次难。后来，纸条一到手他就迫不及待地和同学们讨论开来。

期末考试李俊成绩尚可，科科及格，看来我为他补的都差不多了。新学期刚开学，李俊休学了，因为他爸遇车祸瘫痪了，而他自小就被妈妈遗弃了——这也是他忧郁的一个原因。我有些担心，一个连话都不大愿说的少年，能担负起养护父亲的责任吗?

星期天，我和几位朋友到茶室聊天。刚坐下就被一群小孩子围上了，硬要为我们擦皮鞋。只有一个小孩没冲进来，在外面吆喝着，擦皮鞋！擦皮鞋……离开茶室，我从那个小孩子面前走过时，发现那孩子竟是李俊！

“老师，让我为您擦一次皮鞋吧。”他说，脸上没有腼腆也没有沮丧。我答应了，伸过鞋子让他擦。他一边很用心地擦着，一边说，他虽然不缠人，生意可也还不错。顾客告诉他，他的笑容很好看。

我说是吗？他又笑着告诉我，不久他还会复学的。他学会了笑，他的笑让他挣半天钱也能养活他和爸爸了。

我也高兴起来，我说我一定等你回来。可转过身，我的泪水就出来了。李俊大声地在后面喊："老师，您要笑呀，您不要哭!"我点点头，反而呜咽有声了。我终于没有给他补课，是他为我补了一堂人生课。

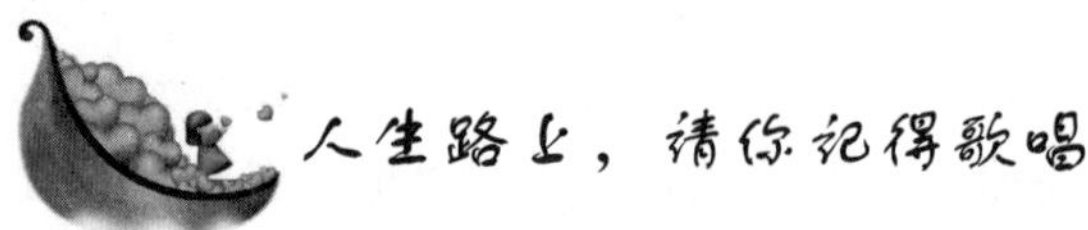

人生路上，请你记得歌唱

因为一次医疗事故，他在 4 个月大时成了聋儿。在母亲竭尽全力的教导下，他终于理解了每个事物都有自己的名字，并慢慢地学会开口说话，普通话说得甚至比一般孩子还标准。

可是一进学校，他的助听器还是引起了其他孩子的好奇。有时，他听不清楚老师提的问题，答非所问，也会招来哄堂大笑。这一切都让他很沮丧，他恨不得把助听器摔烂，再也不去学校。

母亲安慰他，他不听，哭着问："为什么我和别人不一样?"母亲回答，他是医生一针给打聋的。他哭得更厉害："我恨他，我要找他报仇!"母亲难过地别过头去："找不到了，就是找到了，你的耳朵也是这样了。"

他只能接受现实，并比其他同学更努力。小学的听写课，同学们只需记住单词，他还要记住单词的次序，老师嘴巴动一下，他就写一个，同样拿了满分。他甚至主动报名参加北京市、区中小学生朗诵比赛，第一次上台吓得双腿发抖，怕自己吐字不清晰，或者忘词。望着众多正在注视他的听众，他终于鼓足勇气开口，结果获得了一等奖。努力总有回报，他一直是学校里的学生骨干，并且日益自信起来。

可是，因为是聋儿，仍然有尽了努力也无法做到的事情，譬如音乐课的考试。那天音乐课下课时，老师说："大家都准备一下，明天考试，要唱《歌唱祖国》。"其他同学都嘻嘻哈哈的不当回事，他却犯难了。他一直不大会唱歌，难以把握节奏。回家后，他愁眉苦脸，母亲就一边弹钢琴一边教他唱。一个小时，两个小时，三个小时过去了，他的嗓子都嘶哑了，但还是跑调。节奏很对，但他完全是在“说歌”，一个字一个字无比认真地说。母亲摸摸他的头说：“考试时你就这样唱吧。”他说好。母亲又严肃地叮嘱道：“可能大家会笑，但是你自己不能笑，坚持把歌唱完。”

第二天音乐课考试，轮到他上台了。他舔舔发干的嘴唇，跟着节奏开始“唱”歌。第五句的话音才落，教室里的同学已经笑翻了天。他不理会，在笑声中仍然继续自己的歌唱，就这样一丝不苟地跟着节奏把歌“唱”完。

教室里不知何时安静了下来，他突然发现，同学和老师的眼睛里都有些亮晶晶的东西。接着，他看到了同学们在使劲鼓掌。

他就是梁小昆，曾多次参加专题电视节目制作，是电影《漂亮妈妈》中“郑大”的原型。

至今，梁小昆都非常喜欢唱歌，每次去卡拉 OK，必唱无疑。他并不避讳自己的跑调，但求能够唱出个性。他深信，不管歌声是否动听，歌唱，首先是一种态度，包含着努力、尊严、坚持和快乐……

在失败的时候，你仍有歌唱的勇气吗？在绝望的时候，你还会记得最爱的歌词吗？在人生路上，迷失方向、不知所措的时候，你会记得且唱且行吗？

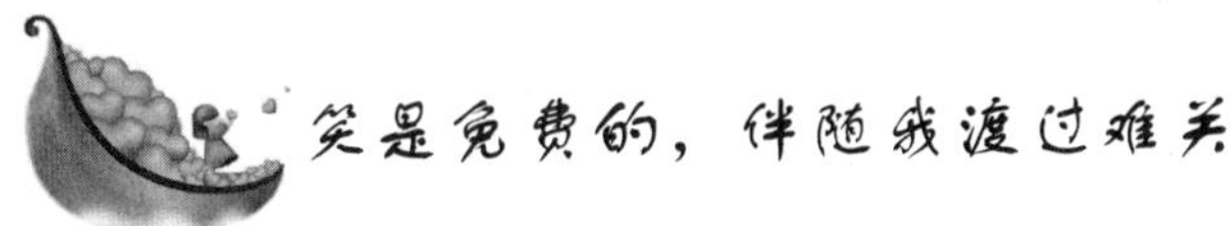

笑是免费的，伴随我渡过难关

我没有足够的钱购买无忧无虑的生活，我就笑！因为笑是免费的，它伴随我渡过了许多难关……

这个养路工在 5 年内先后经历了：儿子高考落榜、妻子患重病住院、父亲去世、家中被盗、公路作业时被汽车撞断了胳膊。

如果你不认识他，你可能会为他担忧，觉得他的日子真是没法过。但他的同事知道，他依然很快乐。

养路工属于劳累而清贫的那类人。冬天，他要踩冰冒雪上路。夏天，他得头顶烈日施工，收入不算高，只能维持家用。他的妻子没有工作，儿子刚刚踏入社会，四处打工。但是在单位里，在同事面前，每次谈到家里的事，养路工都显得十分满足，他会告诉你："我老婆这人既贤惠又聪明。有一次，我们只剩下两块钱了，她居然还敢上菜市，买回一把青菜、一把韭菜和一根黄瓜，做了一顿可口的晚饭。而且，韭菜还没有用完，她腌了一部分，这样第二天早上吃稀饭就有了小菜！哈哈！"

在别人看来，这名养路工的笑容应该饱含着辛酸，因为他说话的时候，胳膊还没有完全恢复，得用绷带吊在胸前。在正式回到工作岗位前，每月的奖金是拿不到的，但他不在乎，也不去找领导要求额外的照顾，每天都是乐呵呵地上班，笑眯眯地下班。

一天，他的妻子找到单位来，说："儿子来电话，要求紧急支援200块钱！"他哈哈笑道："我敢打赌，这小子肯定谈恋爱了，工资不够花，要老子掏钱帮他买玫瑰呢！"妻子说："家里没现钱。"他冲大家说："各位，谁救个急？儿子结婚那天，我请他当证婚人！"鉴于他一向可靠、乐观的品性，同事们很快凑了200元给他。后来得知，事实是儿子当时失业了，需要一点儿生活费。

在一次行业评选"公路卫士"的活动中，这名养路工以高票当选。在介绍各自事迹的巡回演讲会上，他向大家谈起了自己是如何克服种种困难，在本职工作中做出成绩的：

大家都以为我是一个快乐的人，其实，我活得很累，但我强迫自己一定要快乐起来。儿子考大学落榜时，如果我不保持乐观，就会使他有更大的压力，而对老婆，也是个不小的打击，我必须让他们尽快从这件事里走出来。妻子住院半年，当时我忙前忙后，每天累得半死，但我还是将笑容挂在脸上，就是怕她失去信心，妻子对我们家来说是最重要的。父亲去世，我的内心一度空荡荡的，但人死不能复生，我只得迅速调整心态，积极面对工作和生活。家中被盗，那是人祸，我自己也有防范不严的责任，怨天尤人不管用，还是开心笑吧。胳膊被撞断了，我告诉自己，趁这个时候好好休息休息……我不能垮掉，也不敢垮掉，我就假装快乐——那也是一种快乐！慢慢地，假快乐就变成了真快乐，我没有足够的钱购买无忧无虑的生活，我就笑！因为笑是免费的，它伴随我渡过了许多难

关……

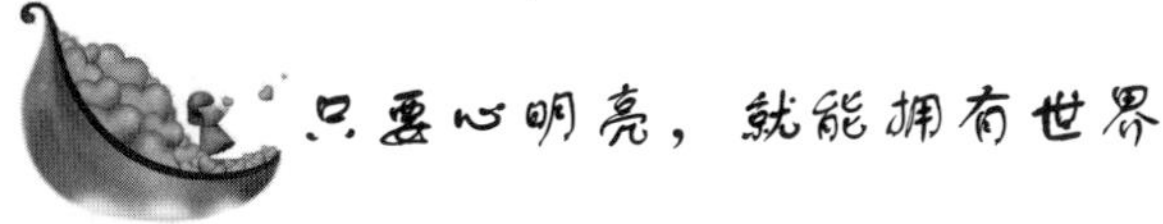

只要心明亮，就能拥有世界

女孩受了伤，住进医院。她的眼睛上缠满厚厚的纱布，世界在她面前，突然变得黑暗一片。医生告诉她，一个月后，这些纱布才能拆掉。她问，我的眼睛能好起来吗？医生说当然能，不过，你必须忍受一个月的黑暗。女孩有些害怕，一个月的黑暗？她不知道自己会不会疯掉。

女孩只有 12 岁，她的父母长年漂泊在国外。父亲打电话安排妥当她的一切，可是他们不能过来陪她。他们很忙，有许多非常重要的事情要做。父亲说等你拆纱布那天，我一定回来，医生说过没事的，况且，还有无微不至的护士。

女孩每天躺在床上睡觉，听收音机。她所能做的，好像只有这些。那是两个人的病房，带一个很小的洗手间。每天会有人把饭菜送到她的床前，然后离开。那是父亲为她雇的钟点工，就像一个走时准确的钟表。她不必担心自己的生活问题，可是无边无际的黑暗还是让她心烦意乱。她知道自己对面的床上有一位阿姨，那阿姨常常轻哼着歌，她的声音很好听。女孩想自己要是那位阿姨多好，好像只要能够驱走黑暗，拿什么交换，她都愿意。

有一天阿姨突然问她，你天天这么躺着，闷不闷？女孩说当然闷，我快闷死了。阿姨说我带你出去走走，女孩问去哪里走走，阿姨说就去后院吧，那里有一个花园，现在正是各种花儿开放的时候。

于是女孩和阿姨走出病房，这是女孩住院后第一次走出病房。她紧紧握住阿姨的手，好像生怕自己走丢。阿姨好像猜中了她的心思，她在前面走得很慢。终于她们来到了后院，女孩感受到了暖和的阳光、清新的空气、香甜的鲜花气息，还有在花间舞蹈的蜜蜂。阿姨牵着她的手说："你知道吗，其实现在，花儿开得并不多……因为是春末……牡丹都开了……多是大红的花瓣……像什么呢？对了，像簇拥在一起的大蝴蝶。还有蜜蜂……过几天，半个多月吧，花园里剩下的花苞应该全都开了吧！那时候，你正好可以看见它们啦。”女孩轻轻地笑了，那天她很开心。她一直盼着拆掉纱布的那一天，她盼得心烦意乱。可是今天，突然，她发现，原来期盼也是一件很美好很快乐的事情。

每天阿姨都要带女孩去医院的后院看花。她给女孩描述每一朵花苞，每一棵树，每一只蝴蝶和蜜蜂。有了她的描述，女孩记住了每一朵花的样子，每一棵树的样子，甚至每一只蝴蝶和蜜蜂的样子。现在女孩没有时间烦恼了，因为她的心里有一个芳香的花园，有一片绚烂的花儿。她想等拆掉纱布那天，一定要那位阿姨为她多拍几张照片。她会站在一簇一簇的鲜花中，阳光遍洒全身，她眯着眼，享受着阳光，笑着，那该是多美好多幸福的事啊！

拆掉纱布那天，父亲从国外赶回来，一直在旁边陪着她。的确，医生没有骗她，她真的在一个月之后，重新看到了久违的阳光。她咯咯笑着，拉父亲跑向医院的后院。在清晨，那位阿姨离开了病房，她说她会在花园等她。

阿姨没有骗她。那儿果真有一个花园，有绿树红花，有成群的彩蝶和蜜蜂。阿姨正站在那里，对着她笑。

可是那一刻，她却愣住了。她发现了阿姨无神的眼睛！她竟然是一位盲人，她竟然看不见任何东西，那天她们坐在长凳上，聊了很多。女孩问她的眼睛会不会好起来，她说：“可能会，也可能不会。不过，只要心是明亮的，你就能拥有世界上最绚烂的花儿。”

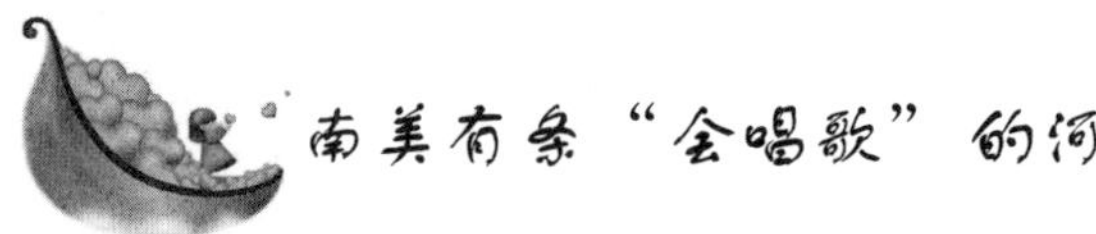

南美有条“会唱歌”的河

从前，一个小山村遭遇一场洪灾。洪水来势凶猛，房子大多被冲倒，庄稼被冲毁，也有人被冲走。在大雨倾盆之时，村里大多数人都及时逃离。

有两个小矮人，由于行动缓慢来不及逃离。他们背着家里的干

粮，跑到一处高地上。面对淹没在水中的家园，想起失去的亲人，弟弟痛哭流涕，以后的日子该怎么办？哥哥安慰道：“放心，咱们饿不死，有这么多干粮在，总会有活下去的办法！”

一个月后，水位逐渐退去，可村庄已不复存在。弟弟又哭了，粮食不多了，家也没了，现在又该怎么办？哥哥仍在安慰他：“会有办法的。”说完，他打开一个布袋，告诉弟弟：“这是种子，咱们可以种地，在粮食长出来之前，咱们省着点干粮，不行还可以摘山上的野菜野果吃。”弟弟在哥哥的激励和带动下，一边种地，一边到山上采摘野菜。虽过得苦，但兄弟俩已不再叫苦连天。

秋天到了，地里长出了比往年都丰硕的麦穗，粮食获得了大丰收。原来，洪水虽给山村带来灾难，但也给土地带来了丰富的养料，土壤比过去变得更肥沃。两个小人儿留下一小部分粮食，其余全卖到集市。没想到他们居然过上了比任何一年都富足的生活，不但衣食无忧，还盖了更好的房子，后来还娶了妻。

真有点不可思议，一场灾难居然给两个乐观的小人儿带来了好运气。如果他们逃离，如果他们悲观，如果他们放弃……那么，结果又会怎样呢？

南美洲有一条河，由于流水受到巨大岩石的阻拦，使其难以成为真正意义上的河。但这条河并不“悲观”，更没放弃作为一条河的“权利”，它把自己分解成千万股涓涓细流，沿着岩石缝隙继续向前流淌。因为岩石缝隙宽窄不同，水流冲击的快慢也不同，这条“不屈”的河竟然发出了种种奇特优美的声响。后来，这条河非但没有消失，反而被人们起了个美丽的名字——“会唱歌”的河，还成了世界著名的景点。现在，它就流淌在委内瑞拉的东部，吸引着世界各地的游客前往观赏。

面对灾难和困境，与其悲观失望，不如乐观面对。乐观能激发勇气和智慧，乐观甚至可以创造奇迹，做一条会唱歌的小河比碰了壁就退缩要好得多！

第二章　与人为善是人生最美丽的风景

有一种美丽，是看不见，摸不着的，它需要我们用心来感受，这种美丽就是善良；有一种气质，是至尊的，高贵的，它需要我们用心来品味，这种气质源自于善良。

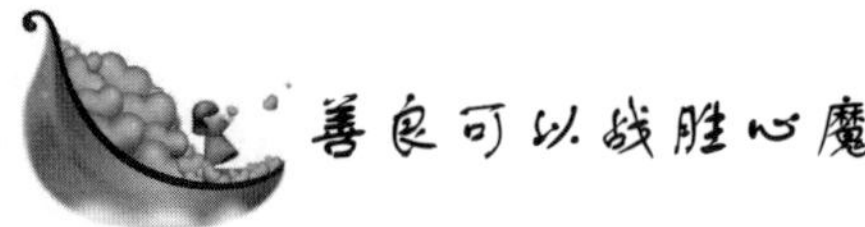

善良可以战胜心魔

有一种美丽，是看不见，摸不着的，它需要我们用心来感受，这种美丽就是善良；有一种气质，是至尊的，高贵的，它需要我们用心来品味，这种气质源自于善良。

一个人的外表可以平凡，但内在的东西却可以使这个人不平凡。善良是一种高贵的气质，它可以令你在人群中发出非凡的光芒。

心与心的沟通，爱与爱的传递，本来是生活中平常的举动。可是，为何有时爱心变成了奢望，善良也只能可望而不可即呢？反倒是那些看似毫不相干的人，在危难时伸出一双手，在渴望慰藉时掏出了一颗心。其实，爱是没有界限的，给善良设防的是冷漠的心。

有一劫犯在抢劫银行时被警察包围，无路可退。情急之下，劫犯顺手从人群中拉过一人当人质。他用枪顶着人质的头部，威胁警察不要走近，并且喝令人质要听从他的命令。警察四散包围，劫犯挟持人质向外突围。突然，人质痛苦地呻吟起来。劫犯忙喝令人质住口，但人质的呻吟声越来越大，最后竟然成了痛苦的呐喊。

劫犯慌乱之中才注意到人质原来是一个孕妇，她痛苦的声音和表情证明她在极度惊吓之下马上要生产。鲜血已经染红了孕妇的衣服，情况十分危急。

一边是漫长无期的牢狱之灾，一边是一个即将出生的生命。劫犯犹豫了，选择一个便意味放弃另一个，而每一个选择都是无比艰难的。四周的人群，包括警察在内都注视着劫犯的一举一动，因为劫犯目前的选择是一场良心、道德与金钱、罪恶的较量。

终于，他将枪扔在了地上，随即举起了双手，警察一拥而上，围观者竟然响起了掌声。

孕妇不能坚持了，众人要送她去医院，已戴上手铐的劫犯忽然说："请等一等好吗？我是医生！"警察迟疑了一下，劫犯继续说："孕妇已无法坚持到医院，随时会有生命危险，请相信我！"警察终

于打开了劫犯的手铐。

一声洪亮的啼哭声惊动了所有听到它的人，人们高呼万岁，相互拥抱。劫犯双手沾满鲜血——是一个崭新生命的鲜血，而不是罪恶的鲜血。他的脸上挂着职业的满足和微笑。人们向他致意，忘了他是一个劫犯。

警察将手铐戴在他手上，他说："谢谢你们让我尽了一个医生的职责。这个小生命是我从医以来第一个从我枪口下出生的婴儿，他的勇敢征服了我。我现在希望自己不是劫犯，而是一名救死扶伤的医生。"

有时罪恶会被一个幼小的生命征服，不是因为他强大和伟大，而是仅仅在于他是一个需要生存权利的生命而已。而罪犯之所以放下了手中的枪，仅仅是一个幼小的生命勾起了他心中依然存在的善良和爱。

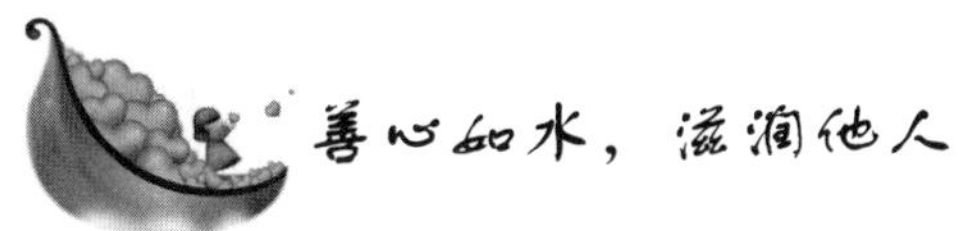

善心如水，滋润他人

离市区最远的云门山一向以贫穷偏僻而著称，近年来随着旅游热，竟有来自远方的大小车辆不断光顾。

云门山下住着一位心地善良的老人。老人有一口井，据说打到了泉眼上，因而不仅水量充裕，而且特别清澈、甘甜，冬天还可以洗脚治脚病。于是，不仅山下的村里人前来担水，就连那些前来旅游的人们都拥到老人的井旁，痛快地喝着井水。有不少旅游的人临走时用大壶小桶装得满满的，有的说带回去给家里人尝尝，有的说回去试试是否能治好自己的脚病。

老人没想到自己的一口井竟得到那么多见过大世面的城里人赞美，心里美滋滋的，嘴里不断地说着："这里也没啥稀罕东西，好喝，就多喝点儿。这井水喝不坏肚子，愿意喝，管够你们。"

看到老人如此慷慨，很多游客就把身上带的好吃的、好喝的，争着、抢着往老人手里塞，说让老人品尝他没吃过的高级营养品。

老人推让不掉，急忙把自己家的土特产往游客们口袋里塞。

山下的人劝老人卖水挣钱，老人回答说："能让人们喝到甜水是我最大的心愿。"

原来，老人在20世纪60年代是乡里修水库的人。一辈子修渠挖水的他最大的心愿就是给山下的村里人打一口甜水井，让他们不再为吃水发愁。

有一次，旅游的人中有一位省扶贫办主任。当他喝了老人的水，了解到老人的经历和心愿后，被深深感动了。回去后，他便到市里调查。后来，那位扶贫办主任又把打井的款项批下来。一年后，村里人都喝上了清凉的甜水。老人高兴地逢人就说实现了自己一辈子的愿望，这比什么都让他高兴。

善心如水，助人的行动比祈祷的双唇更神圣。

有这样一个故事，第二次世界大战时，欧洲战场打得异常惨烈。盟军最高统帅艾森豪威尔将军乘车回总部参加紧急军事会议。

这天，大雪纷飞，滴水成冰。忽然，将军看到一对法国老夫妇坐在马路旁边，冻得簌簌发抖。他立即命令身边的翻译官下车。一位参谋急忙阻止说："我们得按时赶到总部开会，这种事还是交给当地的警方处理吧！"

艾森豪威尔却坚持说："等警方赶到的时候，这对老夫妇可能早已冻死啦！"于是艾森豪威尔立即把这对老夫妇请上车，特地绕道将这对老夫妇送到家后，才风驰电掣地赶去参加紧急军事会议。

原来，这对老夫妇准备去巴黎投奔自己的儿子，但因为车子抛锚，前不着村，后不着店，正不知如何是好。

艾森豪威尔的善心义举得到了意想不到的巨大回报。原来，那天几个德国纳粹狙击手正虎视眈眈地埋伏在艾森豪威尔原来必须经过的那条路上。当时如果不是因为行善而改变了行车路线，将军恐怕就很难躲过那场劫难。

当人的灵魂被爱浇灌后，它所飘逸出来的，只会是人性的芬芳。"善心如水"，多给他人一些滋润，自己也必将得到滋润。

善心如水，有机会给予别人一些东西，无论怎样微不足道，对别人来说都是慷慨的馈赠，而自己也会得到真诚的感激和酬谢，"无心插柳柳成荫”。而一味地贪图回报，则“有心栽花花不发”，收到的是无端的怀疑和必然的冷落。

善心就是最好的投资

现实生活中有不少冷漠自私的人，他们不愿为别人着想，不愿帮助别人，结果他们没有朋友，十分孤独，当遇到困难的时候，也没有人愿意帮助他们。冷漠自私、无视他人困苦的人，终究会被社会所抛弃。一个人在社会上行走，应将善心作为最好的投资，善心是人间最宝贵的财富，它就像山谷回声，你帮助的人越多，得到的回报就越多。

在古埃及有一位国王，他娶了一个非常美丽的王后。国王很爱她，不管这位年轻的王后提出什么样的要求，国王都会满足她。不过，王后并没有因此而感到快乐，她仍然常常紧锁着眉头。国王见了很是苦恼，于是向全国发布了征召名医的命令，来为王后治疗烦恼之病。

国内的众多名医来到宫中，可是他们都对王后的病一筹莫展，提不出有效的诊治方案。直到有一天，一位自称能治好王后病的魔术师走进王宫对国王说，他有一个绝妙的办法能使王后忧愁的脸庞充满笑容，让王后从心底里快乐起来。国王听了，非常高兴地说：“如果你真的能治好王后的病，那我可以满足你要求的任何赏赐。”

魔术师的治疗方法非常特别，他用一些白色的东西在一张纸上涂了些笔画。然后，把那张纸交给王后，嘱咐她走入一间暗室，要她燃起蜡烛，注视着纸上的变化。交代完毕，魔术师就悄然离开了王宫。

这位美丽的王后遵命而行。在烛光的映照下，她看见那些白色的字迹化作美丽的绿色，然后变成了这样的几个字：“每天为别人做一件善事。”

王后看了心有所动，她把这张奇特的纸拿给国王看了，两人共

同决定遵从魔术师的劝告，每天都为国民做一件善事。果然，王后慢慢变得快乐起来，她和国王成了全国最快乐的一对人。

生活中怀有一颗感恩之心，自然也会培养自己帮助别人、爱别人的善心。一颗善良的心，一种爱人的性情，一种坦直、诚恳、忠厚、宽恕的精神，是人生无价的财产。如果在年轻的时候养成全心全意为他人服务的精神，这样的人生一定很精彩。给予他人以亲情和同情，给予他人鼓励与扶助，并不会因“给予”而有所减少的。相反，给予他人愈多，自己所能回收的亲情、善意、同情、扶助也愈多。

将善心作为投资可以帮助你尽快找到人生的目的。关注我们周围的人，尽力帮助他们提高生活的质量，尽可能友善地对待别人，而不是只埋头关注个人的追求。这样，我们可以在使他人的生活获得升华的同时，自己也能得到升华。

俗话说：“善有善报、恶有恶报。”多一份善良，我们的身边就多一份温暖，心灵就多一份感动。慈善原本平常心，我们每个人都是善心的营造者，善心就是最好的投资。

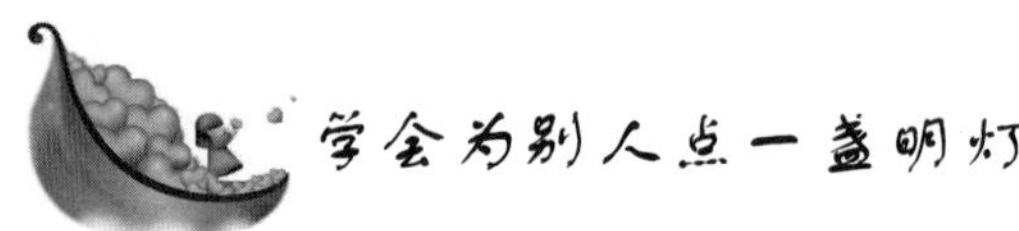

学会为别人点一盏明灯

黑暗中，为他人照亮道路并不是一件容易的事，有时需要自己付出很大的代价。但人人都学会为别人点一盏灯，许多人在一起就会有无数光芒。我们的路才会越走越宽，越走越平坦。

曾读到一位佚名作家写的一个故事：

有一个人手提灯笼走在夜晚漆黑的街道上，天上没有月亮。

突然，他迎面遇到了一个朋友，这个朋友马上就认出了他——盲人古诺。于是朋友对他说：“古诺，你的眼睛又看不见东西，为什么提着灯笼走路呀？”

盲人回答说：“我知道这里的夜路很黑，我打着灯笼不仅是为了让其他人能看清他们要走的路，也不至于撞到我呀。”

光明对于盲人而言无疑是重要的，但他提着灯笼不只是为了给自己照路，却是将光明带给别人。如果所有的人都点亮一盏灯，在为自己照明的同时也让其他人看见光明，那么整个世界将充满温暖和友善。

有一位师范学校毕业的学生被分配到山村教学。

他来到这个山村的第四个年头，忽然有一天山洪暴发，冲毁了原来曲曲折折的山路。他急得不得了，因为刚结婚不到一个月，如今交通一断，新婚的妻子和年迈的父母不知会怎样为他担心。

正当他急得团团转的时候，房门被推开了。院子里站了十几位学生家长和十几位学生，每个人手里都提着一盏灯笼。为首的那个人说："老师，我们送你回家。我们知道山上还有另一条路可走。"他喜出望外，跟在那些人后面走出房门。

天很快就黑下来了，在灯光下，他发现满是荆棘，其实根本就没有路。他疑惑地问他前面的一个人为什么是这样的情况。那人告诉他，等他们走一个来回，没有路的地方也就有了路。就在他正要详细问时，那人一不小心跌落山崖，他顺手接住了那人手里的灯笼，大喊大叫着要去救他，被众人拉住。

最后，当他们走出山外时，他没有回家又返了回来。因为他终于明白了每一次山洪暴发冲坏山民们的路后，按照村里的规定，村中人必须轮流去踩路。虽然踩路的人中很可能会有去无回，但所有的人没有一个推脱，因为他们用生命为别人踩出了一条路。

若干年后，当他的学生陆续考上大学飞向国外时，当村中每一个人都恭敬地称他为老师时，他总是送给每个学生一盏灯笼，说："不要忘记每一个踩路人，没有他们，就不会有我们的今天。愿你们也做踩路人吧，走出大山，走向大山外面的世界。"

洛杉矶加州大学篮球队的著名教练约翰·伍登告诉自己的队员，在每次他们得分后，都要向传球给他们的队友示以微笑或点头，以此感谢队友的关爱。

有一个队员就问伍登："要是对方没有望过来该怎么办呢？"

伍登说："别担心，我已告诉所有队员这么做了。为别人献一点爱心，我们的胜利才会多于失败。如果你传给对方球后，我保证他会向你微笑或点头。”

点灯是为了看路，灯照亮了黑暗，同时也照亮了人心。学会感恩就是给别人点一盏灯，它不但会给对方带来温暖的慰藉，也会鼓励对方更加支持自己走向成功。

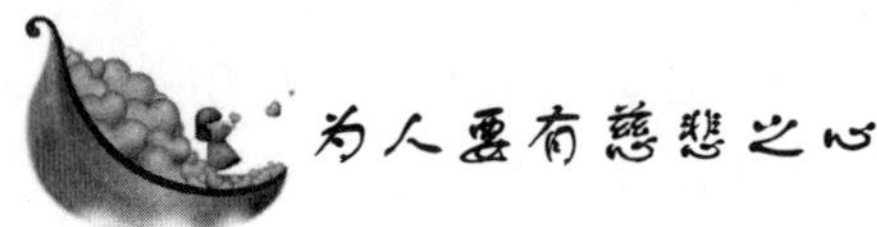

为人要有慈悲之心

慈悲应该是用心去感受，就像欣赏宇宙星空一样，感受它的博大精深。慈悲应该是一种与人为善的理解和包容，不是求佛给自己什么，而是看自己能做什么！滚滚红尘，能拥有一颗慈悲之心，尤为可贵！多一份慈悲心，世间就多一份温暖。慈悲应存在于每个人心中，让那份禅意，让那朵圣洁的莲花在心中灿烂的绽放！

铁眼禅师是日本禅宗的信徒，当时流通的佛经都是用中文写就的。他决心用木刻印版的方式印刷佛经，并且每一版要印 7000 本，这是一项非常浩大的工程。

为了实现这一愿望，铁眼禅师开始到处去募捐。有的支持者愿意给他百两黄金，有的只捐了几枚铜币。但他都以同样的感激之情向每一位捐赠者表示了感谢。10 年之后，铁眼已经募集了足够的刊印佛经的钱。

碰巧当时宇治河洪水泛滥，紧跟着又闹起了饥荒。铁眼禅师拿出了他募集到的刊印佛经的资金，把这些钱都用来救助饥民了。然后，他再次开始募捐。

几年之后，一场瘟疫在日本全国蔓延开来。为救死扶伤，铁眼禅师又一次将他募集的钱财捐献了出来。

然后，他又开始了第三次募捐，20 年后，他的愿望终于得以实现了。如今，在京都的黄檗寺内，还可以看到印制第一版佛经的印版。

日本人世代相传，说铁眼禅师共印制了 3 套佛经，前两套虽然是无形的，但其价值要远远胜过最后一套。

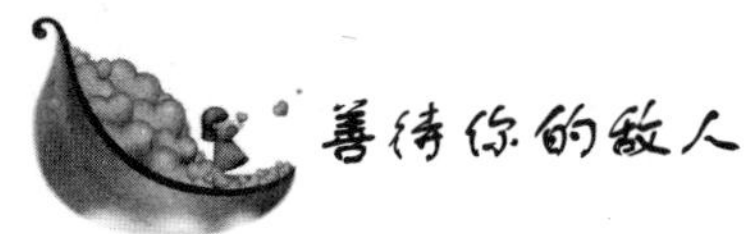

善待你的敌人

几年前，有一个韩国的小孤儿被美国的一个家庭收养了。当时她刚刚9个月大，体重只有9.5英镑。她在新的环境下健康、茁壮地成长，但身体仍然很瘦小。不久，她有了自己的新名字伊迪。

在伊迪上小学二年级时，有一天，她从学校哭着跑回了家，显得非常害怕。原来那天，她的班级新转来3个女孩儿。在第一堂课下课的时候，她们把班级中个子最矮的伊迪作为发泄怨气和不满的对象。她们用手掐她、用拳头打她，还不停地威胁她。结果伊迪同那3个女孩儿一起在校长室被罚站了一个小时，以确保所有的老师都能认识她们，以便今后对她们格外注意。4个女孩儿一同被严重警告了一次。

伊迪的妈妈抱着十分委屈的小伊迪，尽力安慰她。后来伊迪的妈妈在与校长的谈话中了解到，那3个女生在先前的几所学校里一直都是“问题学生”，这是她们最后一次改过自新的机会。

“她们童年时一定受过很大的伤害，所以心中才会有如此多的怨气和不满。”她的妈妈说，“《圣经》告诉我们说，‘要善待你的敌人，要为那些伤害你的人祈祷。’伊迪，让我们为她们祷告吧。”

“我以后不能再陪你去上学了，以便你在排队走进学校或课间休息时能学会与老师和同学们相处。”伊迪的妈妈说，“如果那3个女孩再捉弄你的话，你就对她们说：‘我真的很想成为你们的朋友’，你有勇气做到吗?”

伊迪重新振作起来，脸上露出了微笑，直视着妈妈说：“好的，妈妈，我试一试。”

之后的每一天，伊迪在上学之前，都和妈妈一起为自己的平安和勇气祷告，同时也希望那3个女孩儿不要拒绝上帝的爱。但是，她们每天都会在站队时挤到伊迪的身后，嘲笑似地喊她的名字，并用胳膊撞她一两次。

而每次伊迪都会抬起头望着她们说："我真的很想成为你们的朋友。"伊迪不得不抬头跟她们说话，因为她们要比自己高得多。老师在一旁把这一切都看在眼里，但没有干涉，因为她们并没有伤害到伊迪。

这样大概过了两周，每天伊迪都是带着沮丧的心情回家，她告诉妈妈说事情没有一点改变。但经过妈妈的鼓励和祷告，她决定继续用诚意对她们说："我真的很想成为你们的朋友"。

在接下来的这周，有一天，伊迪用她最快的速度跑回了家，一进家门就大声喊："妈妈，妈妈，猜猜今天发生什么了？我像平常一样对她们说我真的很想成为你们的朋友，之后，其中一个女孩儿说，'好吧，伊迪，我们不再为难你，我们要做你的朋友。'"

不久以后，几个女孩子就成了好朋友，伊迪问老师她是否可以和她们坐在一起，因为她注意到上课时她们由于听不懂老师所讲的内容经常注意力不集中，所以她想为她们辅导功课。

在这学期的期末，当伊迪的父母去学校参加家长和老师的座谈会时，伊迪的老师告诉他们说："那 3 个女孩儿由于伊迪的善良彻底改变了，已成为班级积极上进的好学生。"伊迪的老师和父母都感觉像是亲眼看到了奇迹一样。

有多少人在他们的一生中从来没有尝过善良的滋味？他们在陌生人之间看不到善意，甚至在自己的家人中都很难发现善良的美德。没有尝过善良滋味的人也不可能对他人表达善意，缺乏善良美德的悲剧随处可见，假如每一个接受过好意的人也能友善地对待其他人，尤其是那些不受大家欢迎的人，那么整个社会都会得到改变。

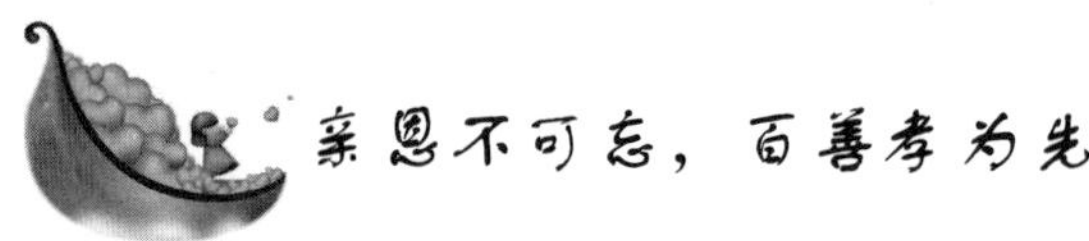

亲恩不可忘，百善孝为先

孝乃做人之大道，孝敬父母是中华民族的传统美德，赡养父母是每一位做儿女的义务。父母的爱对于我们每个人来说是伟大的，他们的关爱和呵护陪伴我们走过人生的坎坷。虽然父母不图回报，

但那种伟大的爱是我们今生今世难以报答的。

云上中学的时候，父亲去世了。她怕母亲承受不了重大的打击，每天放学后都会把同学领回家做作业，让家中热闹一些，让母亲不再生活在伤悲的气氛中。母亲在她的眼光里读出了关切，每天上学时总是慈祥地摸摸她的头，让她好好学习，一切不用担心。

有一次，她放学回家听到屋里有母亲的笑声，这久违的笑是妈妈自父亲走后半年也没有过的。她推开房门，发现家属院的医生王叔叔正帮母亲换煤气罐。这时，云看见母亲的脸上闪烁着动人的美丽。

不知道为什么，她不愿母亲的美丽在不是父亲的男人面前流露，更不愿母亲把爱分给别人。她的脸马上沉了下来，故意大声说话打断母亲的笑声，后来，又翻箱倒柜地折腾，为的是将王叔叔赶走。

那时，她开始担心，担心母亲会为她领一个继父回家，她不想要继父。她认为，母亲只爱她一个人是应该的，有她全部的爱对母亲来说也就足够了。

后来，每当王叔叔来时，她总是冷着脸，把电视音量开到最大，并用力地摔门，想方设法表示自己的反感。这样不算，她还从老家搬来奶奶当救兵。

奶奶直接反对母亲与王叔叔交往，并提出如果母亲改嫁，就把孙女带回老家。

母亲流泪了，她怎么舍得她生养的女儿离开她，从此家中再也没有出现过王叔叔的身影。云暗自庆幸终于取得了胜利。

她日甚一日地美丽起来，而母亲却不可避免地衰老下去。

云大学毕业后有了自己的家庭。远在外地军营的丈夫回不来，双胞胎的儿女都是母亲帮她带大。不知不觉，岁月流逝，当爱人转业回来，她享受着一家人的欢乐时，却发现已经驼背的母亲在自己的房间里显得那么孤独。她想，这辈子一定要好好报答母亲。

云的儿女长大去外地读大学了，她自己也到离家很近的单位上班，母亲再不用起早做饭了。云一心想让母亲安度晚年，星期天便和丈夫陪母亲去旅游，让她散心。在旅游中，母亲竟见到了已搬离小区，由儿子陪伴的王叔叔。他早已头发花白，但母亲的眼里却有一种幸福的感觉，那是云这么多年从来没见过的。

忽然，她意识到这么多年自己是多么残酷地剥夺着母亲的青春和美丽，剥夺着母亲爱与被爱的权力。

旅游回来后，她一夜未眠。第二天，她坐上公交车，从城东赶到城西，主动找到还是单身的王叔叔，向他认错，并为母亲牵线搭桥。终于，母亲有了自己的感情依靠，有了个温暖的家。云也悔恨自己为什么直到为人母时才能真正理解母亲。

做人要记住："寸草当报三春晖"。天下做儿女的，趁父母健在，善待他们吧，不仅是在物质上，更要在精神和情感上关心他们。在父母能够言爱的时候，一定不要阻止他们的激情与情感，在他们能够享乐的光阴中为他们贮藏欢乐与美好，让他们的心灵有一个可以寄托的家园，让操劳一生的父母幸福地安度晚年。最好的孝道无非如此。

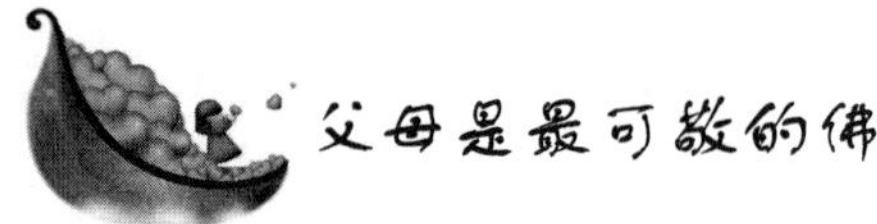

父母是最可敬的佛

父母是这个世界上是最可敬的佛，无论何时，父母无私的爱都会像佛光一样为你映出一片光明。因为，亲情才是永恒不变的人间至爱。

听人们讲过这样一个故事：从前，有个年轻人由于迷上了求仙拜佛，不听母亲的苦苦劝解，想放下农事四处云游。

有一年，这个年轻人听说远方的山上有位得道的高僧，便想去那里讨教成佛之道，趁母亲走亲戚的时候，他偷偷从家里出走了。

他一路上跋山涉水，历尽艰辛，终于在山上找到了那位高僧。

当他向高僧问佛法时，高僧开口道："你家里还有什么人？你想成什么样的道，成为什么样的佛？"年轻人回答："能像您这样即可，再不用整天听我母亲的唠叨了。"接着，年轻人便说出了自己的想法。

高僧听后说："原来如此，我可以给你指条得道成佛的路。不用

每天在这里吃斋念佛，吃过饭后，你即刻下山，一路到家，但凡遇有赤脚为你开门的人，这人就是你要找的佛。你只要悉心侍奉，拜他为师，成佛必定不难！”

年轻人听后大喜，遂辞别高僧，欣然下山。

一连几天，他一路走来，投宿了好几家都没有遇到高僧所说的赤脚开门人，他开始对高僧的话产生了怀疑。

午夜时分，快到自己家时，他彻底失望了，犹豫地站在门外，不知该不该回这个家。忽然疲惫至极的他无意中碰响了门环，屋内立刻传来母亲苍老惊悸的声音：“谁呀？”

“我，你儿子。”他沮丧地答道。

很快地，一脸憔悴的母亲大声叫着他的名字打开门。在昏暗的灯光下，母亲流着泪端详他。这时，他一低头，蓦地发现母亲竟赤着脚站在冰凉的地上！

刹那间，他想起高僧的话，突然什么都明白了。

年轻人泪流满面，“扑通”一声跪倒在母亲面前。

生活中，不管是失意，还是绝望的时候，都不要忘记身边有父母的关爱。尽管他们不能点拨你什么，但他们慈爱的目光是可以停泊的港湾，更是力量，是希望。

父母的爱有多种方式，无论哪一种都是为了鼓舞子女去行那风雨长路，勇敢地去走那山一重，水一重。

在1997年、1999年两次入选湖北省“跨世纪人才”的顾豪爽，就是被父母“骂”出来的教授。

顾豪爽出身于农民家庭，从小父母就对他非常关爱，对他的学习也很重视。考高中时，榜上有名的他却怎么也高兴不起来。因为母亲长年卧病在床，家中4个弟弟妹妹也要读书，只靠父亲一个人劳动挣工分实在难以维持。作为长子的他想分担父亲肩头的重担，于是，他找到父亲，说想辍学帮助家里干农活。

谁知父亲听后大骂：“你这个不争气的东西！爹妈累死累活图个啥！不就为了让你们活得有出息吗？都像我们这样一个字不识，子子孙孙怎么成才？家里的事你不用管，快滚到学校去报名。”母亲也说：“学习上，我和你父亲帮不了你，但我们就是船，再苦再累也要把你们兄妹几个渡到河对岸。”

顾豪爽没想到自己弃学会惹得父亲大发脾气，看到父母为自己上学付出如此大的代价，他觉得如果不好好学习就太对不起父母了。高中期间，顾豪爽埋头苦学，每年成绩总是名列前茅。

全国恢复高考后，顾豪爽由于书本丢的时间太长，落榜了。

1978 年 8 月，顾豪爽第二次参加高考，被武汉师范学院物理系录取了。这时，他已在队里跑船，减轻了家里许多负担。他想父亲日渐年迈，弟妹还未长大，我这一走，家里怎么办？

看到他犹豫不决，父母亲又像以前上高中时一样，把顾豪爽“骂”出了门。

父亲说：“我不指望你挣工分养活家里，我千辛万苦就是为了培养有出息的孩子。你这样丢西瓜捡芝麻配当顶天立地的男子汉吗？”母亲也说：“我生下你们就会想办法养活你们，你只管放心读书，不准逃学！”父母的一番话说得顾豪爽哑口无言。

在大学里，顾豪爽十分珍惜这来之不易的学习机会。生活虽然清苦，但他学习成绩却是名列前茅。1982 年，顾豪爽留校任教；1985 年，他又考取研究生；1993 年，他考入华中理工大学攻读博士学位，后来他成为湖北大学物理与电子技术学院院长、教授。

顾豪爽的父母含辛茹苦，以他们独特的爱，为儿子开辟了成才的道路。顾豪爽日后提起父母苦撑苦熬支持他读书的事情时总会激动得落泪，他说：“父母是最可敬的佛。在我的一生中，是父母对我的支持、关爱伴随着我走向成功，我将永世不忘他们的恩德。”

子女在成长过程中，全心全意付出和支持他们的永远是父母。山悠悠，水悠悠，纵是儿女远隔万水千山，父母们最牵挂和关心的都是子女。

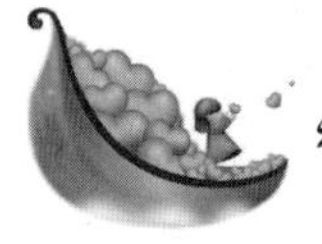

我们最需要的就是倾听

当我请求你听我诉说时，你却开始提出建议，你所做的并不是

我请求的。

当我请求你听我诉说时，你却开始告诉我为什么我不应该有那样的感觉，其实你正在践踏我的感觉。

当我请求你听我诉说时，你却认为你必须采取措施来为我解决难题，你令我非常失望，我感觉你变得那样陌生。

我所请求的只是你的聆听，不是说话或做事，而只是听我诉说。可以自己解决问题，我并不是无能为力。我也许有些气馁和犹豫，但并不无能。

当你为我所做的，是我能够而且必须自己做的事的时候，你只会使我的恐惧和软弱有所增加。而如果你接受这个简单的事实，无论多么不理智，我只是在体会自己的感受，那么我将不再试图说服你，并且也将能够理解这种不理智的感觉另一面的意义。

如果弄清了这一点，答案就非常明显了——我并不需要建议。因此，请用心聆听我的诉说，如果你想说什么，请等一下，到了该你说的时候，我会洗耳恭听的。

很多时候，我们最需要的就是倾听！这不仅是对他人的尊重，也是一种心灵上的抚慰。

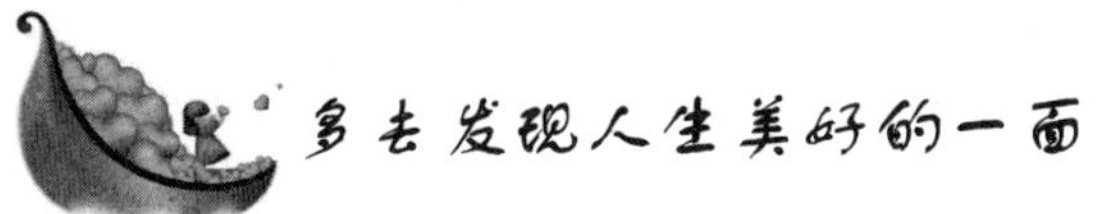

多去发现人生美好的一面

许多年前，我的祖母在一棵树下救了一只喜鹊的幼鸟。经过检查之后，她发现这只小鸟有一个翅膀断了，因此它再也不能飞了。我对这只小喜鹊记得非常清楚，因为尽管有明显的残疾，但它却是一只“快乐”的鸟，至少它看上去非常快乐——虽然如何衡量一只鸟快乐与否的标准很难讲。

每天清晨，小喜鹊都会与附近所有的喜鹊一起发出婉转优美的鸣叫声，它的目光非常敏锐，每天出去觅食的时候，各种小虫子都逃不过它的眼睛。正因为小喜鹊不会飞，所以它学会了做许多其他事情。在我叔叔的帮助下，小喜鹊学会了攀爬。叔叔在祖母的院子

周围放了一些攀登梯，小喜鹊至少能够享受到片刻微风拂面的感觉。

小喜鹊只学会了向上爬，因此当它想从上面下来的时候，有时需要有人去援救它。

有一天，小喜鹊自己从上面跳了下来，并且笨拙地扇动着翅膀落在了地上。这种落地方式一点也不优美，但却能使小喜鹊毫发无损。到处走动是小喜鹊每天的任务，仿佛它知道自己的生命非常重要一样。

小喜鹊从来都不明白身为一只鸟的完整概念。常常可以看到它蜷缩着和猫睡在一起，或者和狗一起散步。它能够爬上厨房的水槽，帮着准备晚餐或沏茶。在关于小喜鹊的记忆中，我最喜欢的是看到它叼着滤茶网放到茶杯上，而我的祖母则会将热茶先倒进她的茶杯里，然后再为小喜鹊倒进它的茶碟里。

可以确定无疑地说，小喜鹊是一只非常爱交际的鸟，它十分享受自己的生活，从不认为自己有残疾。小喜鹊还有另一种令人感兴趣的天分，这也使熟悉它的人更加喜欢它了——它能够惟妙惟肖地模仿各种声音。送奶工的咳嗽声很特别，小喜鹊能够很容易地模仿出来，它也会学我祖母打喷嚏的声音，它还能模仿刚出生的小猫发出的声音，而且几乎一模一样。

我的祖母住在一个繁忙的铁路站场附近，那时每天都会有许多货物列车在其中进进出出。那个站场雇佣了很多人，上有站长，下有工人。

当货物列车开进站场时，许多车卸货，还有一些车要往上装货。这就意味着搬运工要以吹哨的形式对火车司机发出许多信号。

正如我已经告诉你的那样，小喜鹊是一个很好的模仿者。不久之后，它就已经学会了站场内的各种声音和信号哨声。最初，小喜鹊非常热衷于成为站场忙碌生活中的一部分。

然后有一天，发生了一件意外的事。当一列火车在站场内停了一段时间之后，司机听到了“检查完毕，可以通行”的哨声信号，他几乎就要开始驶离站场了。

问题是这列火车的货还没有装满，那个放行的信号并不是搬运工发出的，而是小喜鹊模仿出来的。

幸运的是，那个司机觉得他的货物载起来比预计的轻太多了，因此他也能够很容易地将车停下。他从车窗向外看去，发现火车已经开出很远了。

我的祖母被叫去了火车站。站长、火车司机和火车警卫都非常生气。一位年长的搬运工了解情况，他知道小喜鹊对于所有熟悉它的人来说有多么重要。

于是，那一天，所有人一致同意火车司机不再听从哨声信号，而是根据旗语的指示做事。我的祖母答应在火车调轨的时候，尽可能地让小喜鹊留在屋里，因为她也知道让小喜鹊在站场内发出哨声信号是一件多么危险的事。

然而，没有人说小喜鹊从此再也不可以去站场，因为它已经以它乐观的性情和融入于生活的积极态度，成为了与它接触过的所有人的生活中一个重要的部分。

小喜鹊活了 5 年多，直到有一次它优雅的落地方式没能达到预期的效果，将自己的胸部摔裂，受了重伤。尽管当时它也努力挣扎过，但还是不幸地输掉了这场求生的战斗。

回到我最开始提出的那个问题，你愿意做一只快乐的小喜鹊吗？

没有人对小喜鹊说过它有残疾，或者说它这一生的命运注定是悲惨的，它非常充实地度过了短暂的一生。小喜鹊学会了所有它能够学到的东西，它每天都在挑战自己去做得更多，实现更多，使自己变得更优秀。正是由于它所表现出来的这种非凡的勇气，使得人们纷纷以对它的爱和鼓励作为回应。

请你审视一下自己，看向内心深处，看看如果你真的成为了最快乐的小喜鹊，你能否每天都吟唱出你自己的美丽的生命乐章呢？还是你仍然拖着断了的翅膀坐在树下等待、怨恨，眼看着生命从身畔流逝呢？

这世上没有完美无缺的人，每个人或多或少都有一些不足之处，而以什么样的态度来对待自己的这些弱点，就成了一个人能否快乐生活的重要因素。要多去发现人生美好的一面，你的生命就会更加充实、更加绚丽多彩。

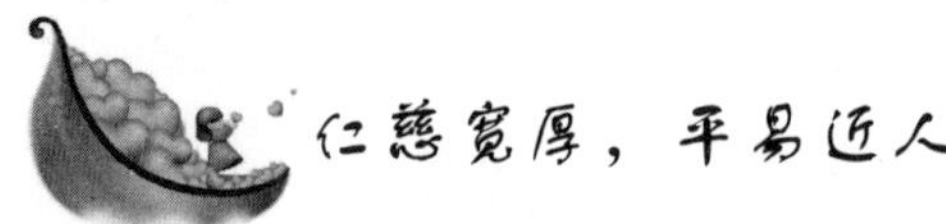

仁慈宽厚，平易近人

夏原吉，湖南湘阴人，是永乐、洪熙、宣德三朝的户部尚书。有一次他巡视苏州，婉谢了地方官的招待，只在旅社中进食。厨师做菜太咸，使他无法入口，他仅吃些白饭充饥，并不说出原因，以免厨师受责。

随后巡视淮阴，在野外休息的时候，不料马突然跑了，随从追去了好久，都不见回来。夏原吉不免有点操心，适逢有人路过，便向前问道："请问你看见前面有人在追马吗?"话刚说完，没想到那人却怒目对他答道："谁管你追马追牛？走开！我还要赶路。我看你真像一条笨牛!"这时随从正好追马回来，一听这话，立刻抓住那人，厉声呵斥，要他跪着向尚书赔礼。可是夏原吉阻止道："算了吧！他也许是赶路辛苦了，所以才急不择言。"笑着把他放走。

有一天，一个老仆人弄脏了皇帝赐给夏原吉的金缕衣，吓得准备逃跑。夏原吉知道了，便对他说："衣服弄脏了，可以清洗，怕什么?"

又有一次，侍婢不小心打破了夏原吉心爱的砚台，躲着不敢见他，他便派人安慰侍婢说："任何东西都有损坏的时候，我并不在意这件事呀!"因此他家中不论上下，都很和睦的相处在一起。

当夏原吉告老还乡的时候，寄居途中旅馆，一只袜子湿了，命伙计去烘干。伙计不慎，袜子被火烧去，伙计却不敢报告。过了好久，才托人去请罪。他笑着说："怎么不早告诉我呢?"随后，他就把剩下的一只袜子也丢了。

夏原吉回到家乡后，每天和农人、樵夫一起谈天说笑，显得非常亲切，不知道的人，谁也看不出他是曾经做过尚书的人。

善意地对待他人的不足和缺点

在所有人类的美德里面，宽容从来都是排在前列的。这也许是一种境界，我们自忖德薄才浅，做不到，但是对做个“仁义之士”，还是心向往之的。

所谓“宽以待人”就是善意地对待别人的不足和缺点。因为无论在怎么看起来完美的人身上，都有至少一两个缺点，有的缺点甚至在别人看来难以接受。明朝有位学者说过这样的话：“人有不及者，不可以己能病之。”也就是说，看到别人的缺点和不如自己的地方，不能因为自己这一点比别人强，就自视过人甚至看不起对方。

每个人都会犯错，包括自己，可是我们往往能很快原谅自己，却无法原谅别人。这种原谅自己却不原谅别人的行为是软弱的表现，因为你只敢面对自己的过错，却无法面对别人的。每个人都有犯错的时候，有的错误还是无意间造成的，是无心的。如果换个角度想想，你是那个犯错的人，是不是希望你“得罪”的那个人能原谅你？如果对方原谅你，你的心情又是怎样的？对人要有宽容之心，有的时候对方的做法可能不是有心的，是无意的冲动行为。知道他不是有心的，就不要把这件事再放在心里，而应该忘了它。

二战期间，一支部队在森林中与敌军相遇。激战后，两名来自同一个小镇的战士默利和菲利普与部队失去了联系。

两人在森林中艰难跋涉，他们互相安慰、互相鼓励。十多天过去了，仍未与部队联系上。这一天，他们打死了一只鹿，依靠鹿肉又艰难度过了几天。可也许是战争使动物四散奔逃或被杀光，这以后他们再也没看到过任何动物。他们仅剩下的一点鹿肉，背在年轻战士默利的身上。这一天，他们在森林中又一次与敌人相遇，经过再一次激战，他们巧妙地避开了敌人。

就在自以为已经安全时，只听一声枪响，走在前面的默利中了一枪——幸亏伤在肩膀上！后面的菲利普惶恐地跑了过来，他害怕

得语无伦次，抱着战友的身体泪流不止，并赶快把自己的衬衣撕下包扎战友的伤口。

晚上，未受伤的菲利普一直念叨着母亲的名字，两眼直勾勾的。他们都以为他们熬不过这一关了，尽管饥饿难忍，可他们谁也没动身边的鹿肉。天知道他们是怎么过的那一夜。第二天，部队救出了他们。

时隔三十年，那位受伤的战士默利说："我知道谁开的那一枪，他就是我的战友。当时在他抱住我时，我碰到他发热的枪管。我怎么也不明白，他为什么对我开枪？但当晚我就宽容了他，我知道他想独吞我身上的鹿肉，我也知道他想为了他的母亲而活下来。此后三十年，我假装根本不知道此事，也从不提及。战争太残酷了，他母亲还是没有等到他回来，我和他一起祭奠了老人家。那一天，他跪下来，请求我原谅他，我没让他说下去。我们又做了几十年的朋友，我宽容了他。"

即使一个非常宽容的人，也往往很难容忍别人对自己的恶意诽谤和致命的伤害。但唯有以德报怨，把伤害留给自己，才能赢得一个充满温馨的世界。释迦牟尼说："以恨对恨，恨永远存在；以爱对恨，恨自然消失。"

面对那些无意的伤害，宽容对方会让对方觉得你心胸的博大，可以消除无心人对你造成伤害后的紧张，可以很快愈合你们之间不愉快的创伤。而面对那些故意的伤害，你博大的心胸会让对方无地自容，因为宽容对方则体现出的是一种境界。宽容是对怀有恶意者最有效的回击，不管别人有意还是无意伤害了你，其实他的内心也会感到不安和内疚，或许是因为碍于所谓的"面子"而不肯认错，而你的宽容就会使彼此获得更多的理解、认同和信任。自己也有犯错的时候，并会因为犯错觉得担心，不知所措，希望对方能原谅自己，同时也会对自己的缺点忐忑，不希望被别人看不起。所以就要站在对方的角度考虑，当自己遇到不原谅别人错误的人会怎么想。

事事计较是不会有什么结果的，已经发生了的事情不会有任何改变，也不能扭转任何已经发生了的事情。以宽容的态度待人，以理解作为基础，站在客观的角度给人评价，可以从别人身上学到自己所没有的长处和优点，也能使自己对对方的不足给予善意的充分理解。在日常生活中，时不时都会有如何要求别人的时候，还有如何对待自己的问题。能否把握好一个律己和待人的态度，不仅能充分反映出一个人的修养，还能培养与人之间的良好关系。

在一次为战功彪炳的将军举办的鸡尾酒会上，一位年轻的士兵被选出来，专门伺候将军。音乐响起，这位士兵开始斟酒，但因敬畏和过度的紧张，反而不小心把酒洒到了将军那光秃秃的头上。

一时，整个酒会上的气氛立刻僵住了，士兵更是不知所措，其他的军官忍不住发怒嘀咕："这个糟糕的家伙，明天肯定会被关禁闭。"

只见将军拿起餐巾，擦着秃头，笑着对大家说："各位！这位老弟实在用心，只是这种疗法，就可使我长出头发来吗？"

话一说完，全场爆笑，只有那个脸色发白的士兵，含着热泪，满怀感激，傻傻地注视着将军。

敞开胸怀，享受现在

她 20 岁，他 26 岁，五月的一个下午他们在河边相遇。她在大城市里长大，他出生在圣安纳的一个小镇。她是一个向往田园生活的都市女孩儿，天真可爱，无忧无虑，他是一个极度自卑的青年，喜欢独处，有些自闭，因而从来看不到生活中真正美好的一面。他们是性格截然不同的两个人。

"你好！"她说。她长得娇小，看上去比她的实际年龄还要小很多。她脸色异常苍白，但那双小眼睛却闪烁着光芒。她戴着一顶褐色的皮帽。他坐在河边一棵芒果树的大树桩下钓鱼，正等着河里的鱼儿上钩。

他抬起头，见是一副陌生的面孔便皱起眉头，然后又把目光转向河里，随口应和了一句："你好"。

她在他身边坐下。"你介意我坐在这儿吗？"

"可你已经坐在那儿了。"他说，但没有看她。

她没有说话，只是耸了耸她那瘦弱的肩膀。在很长一段时间的沉默过后，她说："我叫杰萨娜，你叫什么名字？"

"亚瑟。"

紧接着又是一阵沉默。几分钟后，她告诉他说她要回家了，她的表姐可能正在找她。他只是点了点头。

第二天下午，她在同一个地方又发现了他。

"你好！请问，你介意我还坐在这儿吗？"她以一种十分愉悦的语调问。

他没有回答，只是点了一下头。她今天穿的是一件黄色的连衣裙，显得她的身体更加虚弱。

"你住在哪儿？"当她在他坐的那个树桩旁的一个大石头上坐好后，他问。

她笑了笑，"科安妮是我的表姐，她邀请我来这里度暑假。"

他又点了一下头。

"我喜欢这里，喜欢这个地方、这条小河，还有这安静的环境。"她闭上眼睛，靠在了身后的芒果树上。

他看了她一眼，然后又把目光转向河里。

"就这些吗？"他问。

她睁开眼睛。"嗯，这里能让人放松，我也喜欢这些绿草地和靠在芒果树上的感觉，还有我坐的这块石头，总之，我喜欢这里的一切！"

"哈，你是个热爱大自然的人吧？"

"嗯，差不多吧。你呢？"她看着他问。

他沮丧地摇了摇头，"我什么也不喜欢。"

她皱起眉头，"什么也不喜欢？"

他点头。

"嗯，听起来好新奇啊！"她欢喜地说，"不过的确如此，对每一个人来说，生命中都会有一些重要的事物，比如漂亮、快乐、渴望，甚至孤独和绝望。在一个人的一生中总有一些有价值的东西。"

就这样，他们成了无话不说的好朋友，彼此分享着生活中的点点滴滴。

他总是生活在过去的忧郁中，而她就像一束光，给他昏暗的世界带来了光明，可是还有两周暑假就结束了，他的世界又会像从前一样暗淡无光。

“在悲伤没有出现时，没必要去担心。”当他们手牵着手走在河边的芒果树下时她对他说。

“如果你心里总是想着某一天你会受到伤害，那么你根本享受不到生活的快乐。如果你总是强迫自己不去爱一个人，那么你也感受不到什么是真爱。假如你只播种一半的信任，你又怎么能收获完整的信任呢？每个人的生命中都会出现一些挫折，我们无法阻止，也没有人能阻止得了。我们喜欢的人反而可能会让我们失望，我们也可能会疾病缠身，有些人也会离我们而去。然而，这一切都是自然规律。我们无从知道明天会发生什么，但我们可以享受现在的时光，就让我们快乐地拥抱它，感谢上帝赐予我们这美好的时刻，尽管这很短暂。无论它教会我们什么都没有关系，即使时光飞逝，生活中也总是充满着无尽的欢乐。”

“是的，我想是这样吧。”

然而第二天对他来说，却是乌云密布的阴天。因为当他打扫壁橱时，看到了他以前爱过的一位女子的照片。那时他已经打算要娶她，他已经把自己全部的爱都给了她，然而这个他深爱的女子却离开了他，因为她雄心勃勃。而如果她留在他们居住的这个小村庄，那她的梦想就无法实现。想到这儿，忧伤和辛酸犹如一股急流立刻涌向他的心头。

那一天，她已经在河边等了他两个小时，可是还不见他的身影。但她仍然继续等着他的出现……直到夜晚降临，她不得不回家。之后的每一天，她都会去河边等他，直到这个孕育了她的爱情的夏天结束。

转眼到了九月。

“她住在哪儿？”坐在客厅里的他问科安妮，但科安妮却怒气冲冲地看着他。

“请告诉我吧。”他祈求着。

"天堂。"

他迷惑地皱了皱眉。"请告诉我，我必须去找她，告诉她我感到十分抱歉。"

她摇了摇头，几颗晶莹的泪珠从她的脸颊滑落下来。

"就在两周前她离开了人世，她患的是骨癌。难道你没有发现她脸色很苍白吗？当然了，你肯定没有发现，因为你在意的总是自己。"

他一个人坐在岸边，默默地哭泣，但是他不会在她的墓前落泪，因为他记得她说过的那些话。

"尽情地享受此刻，因为那是上帝赐予我们的礼物，这是我们现在应该做的唯一的一件事。"

没有人能预知未来会发生什么事，因此，不要为根本不知道是否会到来的不幸而担忧，那是对生命的一种浪费和亵渎。敞开胸怀，享受现在，放眼未来，这才是正确的人生态度。

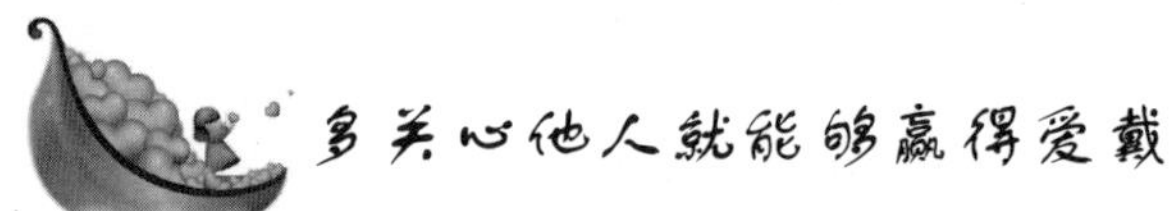

多关心他人就能够赢得爱戴

西奥多·罗斯福是20世纪最受爱戴的美国总统之一。他受人爱戴，虽然他出身贵族，但他相信平凡人的价值，并且为维护百姓的权利而战，因此他获得了惊人的声誉。

即使在罗斯福的家中，他也同样获得了仆人们的爱戴。他的仆人安德烈向人们讲述了这样一个故事：有一天，安德烈的妻子问罗斯福总统野鸭是什么样子的，因为她从来没有见过野鸭子，她从来就没有离开过华盛顿，也没有机会到野外去看看野禽。罗斯福总统便耐心地向她描述了野鸭的模样和习性。安德烈和他的妻子在一栋小屋子里，距离罗斯福总统的住处很近，第二天，安德烈的电话响了，电话那头传来了罗斯福那浑厚的声音，他告诉安德烈的妻子，他们的房子外边的大片草地上就有只小野鸭子。安德烈的妻子看见了对面房屋窗子里罗斯福微笑的脸庞。

还有一次，塔夫脱总统外出时，罗斯福拜访了白宫，他没有去客厅，也没有去接待室，而是直接去了厨房。他友好的向每个人打招呼："嗨，特瑞斯，最近忙吗?""杰克胃口还好吗?想来你是离不可酒瓶的，什么时候我们喝一杯?"

就这样，他跟每个人都打了招呼，就如同多年不见的老朋友一样。后来在白宫服务了30年的厨师史密斯满含热泪说道："罗斯福总是那样的热情，那样的关心他人，这怎么能够让人不感动呢?"

获得别人的爱戴，其实不需要什么特别的技巧，一句平实的问候，一个热情的微笑，也许就足够了。平等待人，关心他人，给别人带去温暖，就会赢得别人由衷的爱戴。

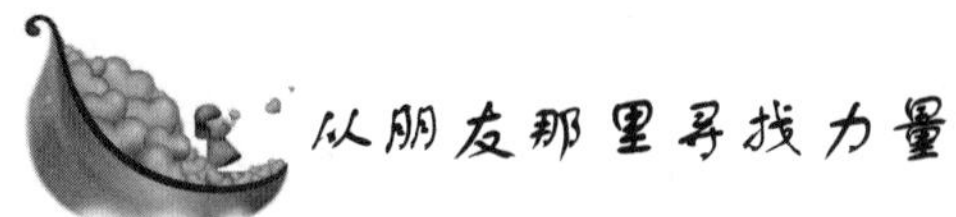

从朋友那里寻找力量

刚从学校里毕业参加工作，业务不熟，工作有时会出点小差错，他认为自己实在太笨了，能力这么差，不知道自己以后是否能够适应这个社会。

那天下班，一个去远方工作的朋友给他打电话。朋友说他跟自己最好的朋友翻脸了，罪魁祸首正是他。

他莫名其妙："我离你们那么远，怎么会扯到我身上?"

朋友说了事情的经过："我跟我那哥们聊起了你，我说你这个人很有能力，特别棒，是个厉害人物。可那小子非说你没什么，看起来再普通不过。我当然不愿意，所以我们就为此吵了起来。"他愣住了，半天一句话也没说。

"兄弟，你是最棒的!我知道的，你有实力。"朋友的口气那么坚定。他知道，这个朋友一向不屑于夸耀没本事的人。

刹那间，他觉得自己整个人充满了力量。是的，我是最棒的，我的朋友甚至为了这个跟自己最好的朋友吵翻!他终于从朋友的话语中找回了自信，他对自己说："我现在工作是有些不顺心，甚至这些小差错影响了对自己能力的判断，但刚开始工作，又有谁会做得十全十美呢？一切都会慢慢好起来的，相信自己！”

朋友后来在电话里所说的话，他一句也没听进去，他就记住了一句：兄弟，你是最棒的！

在我们对自己的能力产生怀疑、对人生充满困惑、处于低谷的时候，朋友始终会拉我们一把，使得我们尽快调整状态，走出低谷。所以当我们遇到问题的时候，很有必要向最好的朋友倾诉，从朋友的话语中得到力量，让朋友帮自己找到打开心结的钥匙。

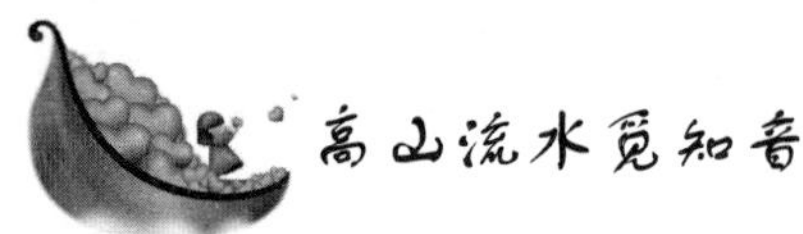

高山流水觅知音

俞伯牙是春秋时期的人，他弹起琴来，琴声优美动听，犹如高山流水。虽然，他的琴艺被许多人所称赞，但他为一直没有遇到真正能听懂他琴声的人而苦恼。

有一年的八月十五，俞伯牙奉晋王之命出使楚国。在到了汉阳江口的时候遇到风浪，船停泊在一座小山下。晚上，风浪渐渐平息，云开月出，夜色迷人。望着空中的一轮明月，俞伯牙琴兴大发，他弹了一曲又一曲，正当他完全沉醉在优美的琴声之中的时候，猛然看到一个人在岸边一动不动地站着听。俞伯牙很诧异，手下用力，“啪”的一声，琴弦被拨断了一根。当他正在猜测岸边的人为何而来时，就听到那个人大声地对他说：“我是个打柴的，回家晚了，走到这里时恰巧听到您弹奏的琴声，美妙极了，所以不由自主地站在这里听了起来。”

俞伯牙借着月光仔细一看，这个人身旁放了两担柴，果真是樵夫。俞伯牙心想：一个乡野的樵夫，怎么会听懂我的琴呢？于是他就问：“你既然懂得琴声，那就请你说说看，我刚才弹的是什么曲子？”

听了俞伯牙的问话，那樵夫笑着回答：“您刚才弹的是孔子赞叹弟子颜回的曲谱，只可惜，您弹到第四句的时候，琴弦断了。”

樵夫的回答一点不错，俞伯牙不禁喜出望外，忙邀请他上船来细谈。那樵夫看到俞伯牙弹的琴，便说："这是瑶琴！相传是伏羲氏造的。"接着他又把这瑶琴的来历详细地说了出来。听了樵夫的讲述，俞伯牙心里暗暗佩服。接着俞伯牙又为樵夫弹了几曲，请他辨识其中之意。当他弹奏的琴声雄壮高亢的时候，樵夫说："这琴声，表达了高山的雄伟气势。"当琴声变得清新流畅时，樵夫说："这后弹的琴声，表达的是无尽的流水。"

俞伯牙听了不禁惊喜万分。自己一直是用琴声表达心情，可是长久以来，却没有一个人能听得懂他的琴声，而眼前的这个樵夫，竟然听得明明白白。没想到，在这么偏僻的地方，他竟然遇到了寻觅久久的知音，于是他问明樵夫名叫钟子期。之后，俩人越谈越投机，相见恨晚，结拜为兄弟，约定来年的中秋再到这里相会。

可是第二年中秋，俞伯牙如约来到了汉阳江口，可是他等待了很长时间，也不见钟子期来赴约，于是他便弹起琴来召唤这位知音，可是始终不见人来。第二天，俞伯牙到处向人打听钟子期的下落，才得知钟子期已不幸病逝了。临终前，他留下遗言，将坟墓修在汉阳江边，到八月十五相会时，好听俞伯牙的琴声。

俞伯牙万分悲痛，他来到钟子期的坟前，凄楚地弹起了古曲《高山流水》。弹罢，他长叹了一声，把心爱的瑶琴在青石上摔了个粉碎。仰天长叹："我唯一的知音已不在人世了，这琴还弹给谁听呢？"

"高山流水觅知音"，知音始终是可遇而不可求的，当你遇到了你的知心朋友时，请珍惜一同走过的日子。"千里搭长棚，没有个不散的宴席"，当有一天因为不同的目标各奔东西，很难相见时，你就会明白知音始终是你心灵最深处的那一曲最美妙的琴声。

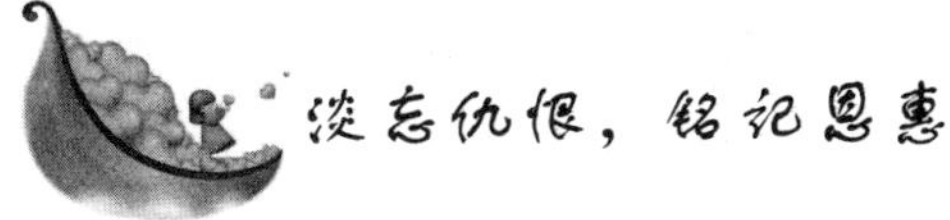

淡忘仇恨，铭记恩惠

有两只老鼠是好朋友，它们的名字叫吱吱和扭扭。冬天来临时，它们吃光了所有的食物后，便决定去更远的地方寻找新的食物。

有一天，吱吱和扭扭在翻过一座大山时，吱吱不幸失足，在它滑向悬崖边的一瞬间，扭扭不顾自身安危，拼命地拉住了吱吱，吱吱于是在附近的一块大石头上刻下：某年某月某日，扭扭救了吱吱一命。

两个好朋友继续前行，一个月后，它们来到一处结冰的河边，两只老鼠为踏冰而过还是寻桥而过争吵起来，一气之下，扭扭踢了吱吱一脚，吱吱跑到冰面上刻下：某年某月某日，扭扭踢了吱吱一脚。

有个过路的田鼠看见了，好奇地问吱吱："你为什么把扭扭救你的事刻在石头上，而把它踢了你的事刻在冰上?"

吱吱说："扭扭救了我，我永远都感激它。至于它踢我的事，我会随着冰上字迹的溶化而忘得一干二净。"

朋友之间，难免因为一些事情发生过节，如果对于这种矛盾过节念念不忘，那么你就会被它折磨很长一段时间，使得自己身心不宁。不如让矛盾与仇恨像冰水一样，随着时间的流逝渐渐消逝。同样，在生活中，我们也会得到朋友的帮助，对于这些恩惠，我们要永远记住，并且学会感激。

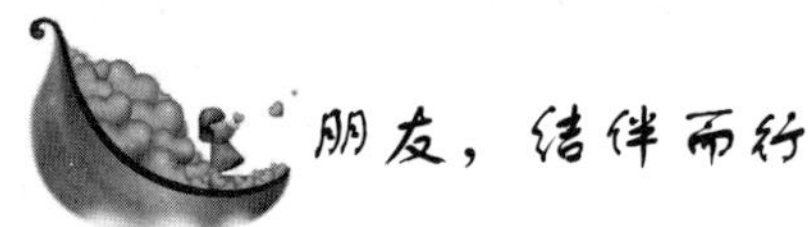

朋友，结伴而行

朗清和子原曾经是最要好的朋友，大学毕业后，子原分到银行，而朗清则进了检察院。

那时候，他们相互帮助，相互鼓励，在一个陌生城市里快乐地生活着。后来，他们两个都结婚了，并且两家关系一直特别好。要不是子原一时的冲动，这种友情会持续下去，一定会天荒地老。

可是子原为了买处好房子，挪用了公款……

反贪局调查子原的时候，他说的第一句就是："我的朋友在检察院。"这个朋友就是朗清，可他对于这件事无能为力。

子原的爱人多次找到朗清。看她那痛哭流涕的样子，朗清很伤

心，朗清只好反复做她的工作。最后她说："这是我们最后一次求你，你给个明白话儿吧。"朗清坚决地说："这事我真的帮不上忙。"她擦干眼泪，冷冷地说："朋友算得上什么！"那语调里是对"朋友"这字眼的绝望。那以后，她没来过朗清家。

朗清偶尔去监狱看子原，可是子原却拒绝了朗清的探视。他只是传话说，朋友算得上什么！

朗清希望通过时间来填补法律的无情。每年的节日，朗清都会和爱人去探监，还会去看望子原的爱人，尽管要遭受冷落。终于有一天，他无奈地说："算了，朋友本来就算不上什么！"其实，朗清从骨子里了解子原，在他内心深处是不愿失去朗清这个朋友的。

子原出狱那天，朗清和爱人都去接他。子原的爱人一路上都在偷偷流泪。朗清说："上我家吧。"他们没有拒绝，随朗清上了回家的出租车。那天，子原喝得大醉。他问朗清："朋友算得上什么？"朗清无语。子原接着说："我不怨你"。朗清笑了，笑里面掺杂着泪水。

不久，子原和爱人离开了这个本来就陌生的城市，去了另一个陌生的城市。再后来，这对曾经的朋友便没有再见过面，只是偶尔打个电话，告诉朗清他们过的还好。

前年，朗清生日那天，子原寄来一封信，祝朗清生日快乐。信中夹着一朵风干了的牵牛花。他在信中说，你还记得吗？在校外的田野里，我们常常去摘牵牛花的，它象征平淡无奇的感情，早上花开，很快就凋谢了，可我们的友情虽然平淡可是无法凋谢。朗清和妻子在烛光中读着这封信，泪流满面。

去年，他们相约去爬泰山。在一个偌大的水库前驻足，那清澈的水里，一条条自由自在的鱼结伴而游。他们相视而笑，子原说："我们多像那一条条游着的鱼，只要能够结伴就足够了，这也许就是朋友的要义了。"

是啊，不要为朋友强加多少其他的定义，不要对朋友苛求太多。朋友就是朋友，他不等同于你的妻子、父母。只要能够结伴而行就已经足够，又何必在危难的时候，强行将他拉下水，强迫他做那些根本就做不到的事情呢？

第三章　宽容宽恕是人生最美丽的风景

宽容是一种美，因为有了宽容才使许多人有了浪子回头的决心。因为宽容才使那颗犯错的心有了安全的回旋余地。当你选择宽容时，你就给了这个世界无比的荣耀。

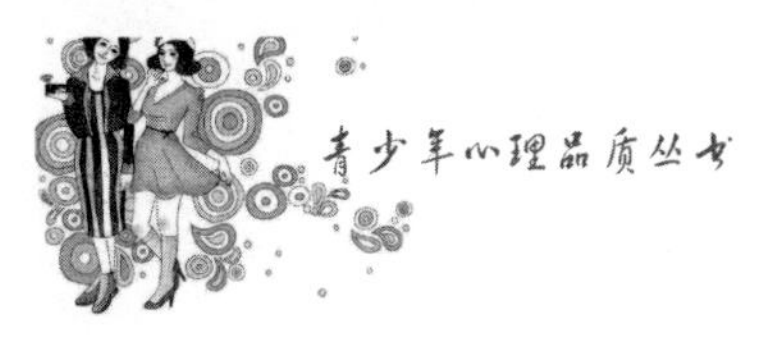

宽容是一种美

宽容是一种美，因为有了宽容才使许多人有了浪子回头的决心。因为宽容才使那颗犯错的心有了安全的回旋余地。当你选择宽容时，你就给了这个世界无比的荣耀，而你将得到这世界最美的祝福。禅者说："量大则福大。"就是在说因为你有一颗宽容的心，所以，能获得最大的福缘。

一天晚上，一位老禅师在寺院里散步，忽然发现墙角边有一张椅子，一看就知道有出家人违犯寺规翻墙溜出去了。

这位老禅师不动声色地走到墙角边，把椅子移开，就地蹲着。没过多久，果然有一位小和尚翻墙进来，他不知道下面是老禅师，于是在黑暗中踩着老禅师的脊背跳进了院子。

当他双脚落地的时候，突然发现自己原来踩的不是椅子，而是老禅师。小和尚顿时惊慌失措，木鸡般地呆立在那里，心想："这下糟糕了，肯定要被杖责了。"但是，出乎小和尚意料的是，老禅师并没有厉声责备他，只是平静而关切地对他说："夜深天凉，快回去多穿点衣服吧。"

老禅师宽恕了小和尚的过错。因为他知道，此时此刻，小和尚已经知错了，那就没有必要再饶舌训斥了。之后，老禅师也没有再提及这件事，可是寺院里的所有弟子都知道了这件事，从此以后，再也没有人夜里翻墙出去闲逛了。

这就是老禅师的度量，他给犯过错的弟子提供反省的空间，使其悔悟，自戒自律，所以宽容也是一种无声的教育。

宽容地对待别人的过错，这是何等的胸怀。学会宽容，是一种美德、一种气度，因为你能容得他人不能容，所以你也必将拥有了别人不能拥有的。

古人云：金无足赤，人无完人。宽容是一剂良药，医治人心灵深处不可名状的跳动，滋生永恒的人性之美。我们不仅要宽容朋友、

家人，还要宽容我们的敌人、对手。在非原则性的问题上，以大局为重，你会体会到退一步海阔天空的喜悦，化干戈为玉帛的喜悦，人与人之间相互理解的喜悦。要知道你并非踯躅单行，在这个世界上，虽然人们各自走着自己的生命之路，但是纷纷攘攘中难免有碰撞。如果冤冤相报，非但抚平不了心中的创伤，而且只能将伤害捆绑在无休止的争吵上。

有这样一则故事：一位妇人同邻居发生纠纷，邻居为了报复她，趁夜偷偷地放了一个骨灰盒在她家的门前。第二天清晨，当妇人打开房门的时候，她深深地震惊了。她并不是感到气愤，而是感到仇恨的可怕。是啊，多么可怕的仇恨，它竟然衍生出如此恶毒的诅咒！竟然想置人予死地而后快！妇人在深思之后，决定用宽恕去化解仇恨。

于是，她拿着家里种的一盆漂亮的花，也是趁夜放在了邻居家的门口。又一个清晨到来了，邻居刚打开房门，一缕清香扑面而来，妇人正站在自家门前向她善意地微笑着，邻居也笑了。

一场纠纷就这样烟消云散了，她们和好如初。

宽容敌手，除了不让他人的过错来折磨自己外，还处处显示着你的纯朴、你的坚实、你的大度、你的风采。那么，在这块土地上，你将永远是胜利者。只有宽容才能愈合不愉快的创伤，只有宽容才能消除一些人为的紧张。学会宽容，意味着你不会再心存芥蒂，从而拥有一分流畅、一分潇洒。在生活中我们难免与人发生摩擦和矛盾，其实这些并不可怕，可怕的是我们常常不愿去化解它，而是让摩擦和矛盾越积越深，甚至不惜彼此伤害，使事情发展到不可收拾的地步。用宽容的心去体谅他人，真诚地把微笑写在脸上，其实也是善待我们自己。当我们以平实真挚、清灵空洁的心去宽待对方时，对方当然不会没有感觉，这样心与心之间才能架起沟通的桥梁，这样我们也会获得宽待，获得快乐。

一个人能否以宽容的心对待周围的一切，是一种素质和修养的体现。大多数人都希望得到别人的宽容和谅解，可是自己却做不到这一点，因为总是把别人的缺点和错误放大成烦恼和怨恨。宽容是一种美，当你做到了你就是美的化身。

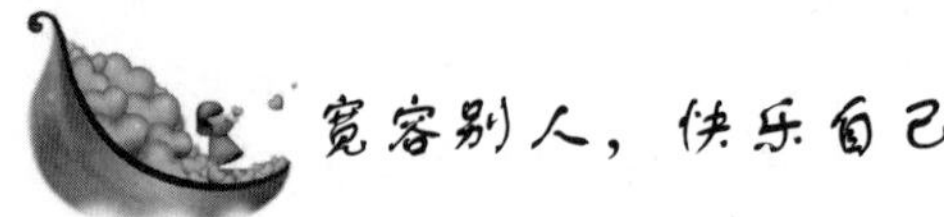

宽容别人，快乐自己

宽容是一种胸怀，一种睿智，一种乐观面对人生的勇气，也是利人利己的法宝。不宽容是一把双刃剑，是通过惩罚别人的错误而惩罚自己。宽容的受益者不仅仅是被宽容的人，宽容别人就是解放自己，还自己心灵一份纯净快乐。当我们抓起泥巴准备抛向别人时，首先弄脏的是我们自己的手；当我们拿鲜花送给别人时，首先闻到花香的是自己。宽容别人一次，自己的精神得到一次升华，被别人宽容一次，自己的灵魂就得到一次洗涤。生存需要竞争，生活需要宽容。互相宽容的朋友一定百年同舟，互相宽容的夫妻一定百年共枕。会宽容的人，心灵必然纯净，生活必然快乐。

古希腊神话中有一位大英雄叫海格里斯。一天他走在坎坷不平的山路上，发现脚边有个袋子似的东西很碍脚，海格里斯踩了那东西一脚，谁知那东西不但没有被踩破，反而膨胀起来，加倍地扩大着。海格里斯恼羞成怒，操起一条碗口粗的木棒砸它。那东西竟然长大到把路堵死了。

正在这时，山中走出一位圣人，对海格里斯说："朋友，快别动它，忘了它，离它远去吧！它叫仇恨袋，你不犯它，它便不如当初，你侵犯它，它就会膨胀起来，挡住你的路，与你敌对到底！"

我们生活中茫茫人世间，难免与别人产生误会、摩擦。如果不注意，在我们轻动仇恨之时，仇恨袋便会悄悄成长，最终会导致堵塞了通往成功之路。所以我们一定要记着在自己的仇恨袋里装满宽容，那样我们就会少一份烦恼，多一分机遇。宽容别人也就是宽容自己。

宽容地对待你的敌人、仇家、对手，在非原则的问题上，以大局为重，你会感到退一步海阔天空的喜悦、化干戈为玉帛的喜悦、人与人之间相互理解的喜悦。要知你并非踯躅单行，在这个世界里，我们各自走着自己的生命之路，纷纷扰扰，难免有碰撞，所以即使心地最和善的人也难免要伤别人的心，如果冤冤相报，非但抚平不了心中的创伤，而且只能将伤害者捆绑在无休止的争吵战车上。

学会宽容，对于化解矛盾，赢得友谊，保持家庭和睦、婚姻美满，乃至事业的成功都是必要的。因此，在日常生活中，无论对子女、对配偶、对同事、对顾客等等都要有一颗宽容的爱心。

法国 19 世纪的文学大师雨果曾说过这样的一句话：“世界上最宽阔的是海洋，比海洋宽阔的是天空，比天空更宽阔的是人的胸怀。”此句虽然很浪漫，但具有现实意义。

拿破仑在长期的军旅生涯中养成宽容他人的美德。作为全军统帅，批评士兵的事经常发生，但每次他都不是盛气凌人的，他能很好地照顾士兵的情绪。士兵往往对他的批评欣然接受，而且对他充满了热爱与感激之情，这大大增强了他的军队战斗力和凝聚力，成为欧洲大陆一支劲旅。

在征服意大利的一次战斗中，士兵们都很辛苦。拿破仑夜间巡岗查哨。在巡岗过程中，他发现一名士兵倚着大树睡着了。他没有喊醒士兵，而是拿起枪替他站起了岗，大约过了半个小时，哨兵从沉睡中醒来，他认出了自己的最高统帅，十分惶恐。

拿破仑却不恼怒，他和蔼地对他说：“朋友，这是你的枪，你们艰苦作战，又走了那么长的路，你打瞌睡是可以谅解和宽容的，但是目前，一时的疏忽就可能断送全军。我正好不困，就替你站了一会，下次一定小心。”

拿破仑没有破口大骂，没有大声训斥士兵，没有摆出元帅的架子，而是语重心长、和风细雨地批评士兵的错误。有这样大度的元帅，士兵怎能不英勇作战呢？如果拿破仑不宽容士兵，那后果只能是增加士兵的反抗意识，丧失了他在士兵中的威信，削弱了军队的战斗力。

宽容，对人对己都可成为一种无需投资便能获得的“精神补品”。学会宽容不仅有益于身心健康，且对赢得友谊、保持家庭和睦、婚姻美满，乃至事业的成功都是必要的。因此，在日常生活中，无论对子女、对配偶、对老人、对学生、对领导、对同事、对顾客、对病人……都要有一颗宽容的爱心。宽容，它往往折射出人处世的经验，待人的艺术和良好的涵养。学会宽容，需要自己吸收多方面的“营养”，需要自己时常把视线集中在完善自身的精神结构和心理素质上。

当然，宽容绝不是无原则的宽大无边，而是建立在自信、助人和有益于社会基础上的适度宽大，必须遵循法制和道德规范。对于绝大多数可以教育好的人，宜采取宽恕和约束相结合的方法，而对那些蛮横无理和屡教不改的人，则不应手软。从这一意义上说“大事讲原则，小事讲风格”，乃是应取的态度。

处处宽容别人，绝不是软弱，绝不是面对现实的无可奈何。在短暂的生命历程中，学会宽容，意味着你的思想更加快乐。宽容，可谓人生中的一种哲学、一种艺术，宽容别人，不是懦弱，更不是无奈的举措。在短暂的生命中学会宽容别人，能使生活中平添许多快乐，使人生更有意义。正因为有了宽容，我们的胸怀才能比天空还宽阔，才能尽容天下难容之事。

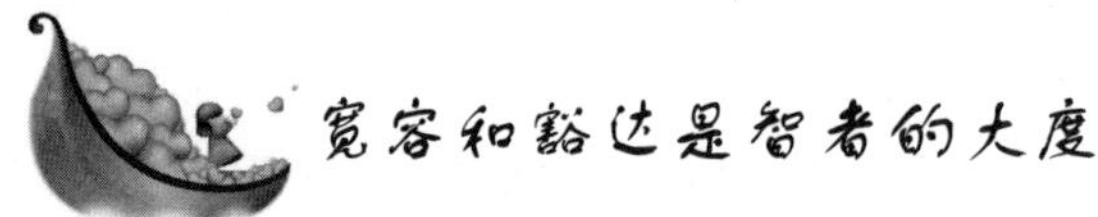

宽容和豁达是智者的大度

宽容应该是一种人类精神，是一种善良，一种美，是一种胸怀和气度，更是一种境界。只有善良的人，心胸中才有宽容，只有慈悲的心灵里才能放得下宽容。宽容是美好心灵的代表！宽容别人不但自己轻松自在，别人也舒服自然。宽容是一种坚强，而不是软弱，是一种修身之法，是一种充满智慧的处世之道。

人有一分器量，便有一分气质；人有一分气质，便多一分人缘；人有一分人缘，必多一分事业。虽说器量是天生的，但也可以在后天学习、培养。我们阅读历史，多少名人圣贤，有时不赞其功业，而赞其器量。所以器量对人生的功名事业至关重要，有器量的人在为人处世上的表现就是豁达大度。

豁达的人，常常是乐观的人。而所谓乐观，按照某位哲人的说法，就是乐观的人与悲观的人相比，仅仅是因为后者选择了悲观。

豁达的人在遇到困境时，除了会本能地承认事实，摆脱自我纠缠之外，他还有一种趋乐避害的思维习惯。这种趋乐避害，不是为了功利，而是为了保持情绪与心境的明亮与稳定。这也恰似哲人所言：“所谓幸福的人，是只记得自己一生中满足之处的人；而所谓不幸的人，是只记得与此相反的内容的人。”每个人的满足与不满足，并没有太多的区别差异，幸福与不幸福相差的程度，却会相当巨大。

豁达也有程度的区别，有些人对容忍范围之内的事会很豁达，但一旦超出某种限度，他就会突然改变，表现出完全相异的两种反应方式。最豁达的人，则具有一种游戏精神，将容忍限度扩大。

有这样一个故事：

一个身经百战、出生入死、从未有畏惧之心的老将军，解甲归田后，以收藏古董为乐。一天，他在把玩最心爱的一件古瓶时，不小心差点脱手，吓出一身冷汗，他突然若有所悟：“为什么当年我出生入死，从无畏惧，现在怎么会吓出一身冷汗？”片刻后，他悟通了——因为我迷恋它，才会有患得患失之心，破了这种迷恋，就没有东西能伤害我了，遂将古瓶掷碎于地。

豁达者的游戏精神，即是如此。既然他把一切视为一种游戏，尽管他同样会满怀热情，尽心尽力地去投入，但他真正欣赏的，只是做这件事的过程，而不是目的。游戏的乐趣在于过程之中。

美国总统林肯在组织内阁时，所选任的阁员各有不同的个性：有勇于任事、屡建功勋的军人史坦顿，有严厉的西华德，有冷静善思的蔡斯，有坚定不移的卡梅隆，但林肯却能使各个性格绝对不同的阁员互相合作。正因为林肯有宽宏的度量，能舍己从人，乐于与人为善。尤其是史坦顿，那种倔强的态度，如在常人，几乎不能容忍，唯有林肯过人的心胸，使得他驾驭阁员指挥自如，使每个阁员都能为国效忠。

成功的上司总是豁达大度，决不会因下属的礼貌不周或偶有冒犯而滥用权威。所以作为上司，应该有宽恕下属的大度，这样才更能赢得下属的拥戴。

有一次，柏林空军军官俱乐部举行盛宴招待有名的空战英雄乌戴特将军，一名年轻士兵被派替将军斟酒。由于过于紧张，士兵竟将酒淋到将军那光秃秃的头上去了。周围的人顿时都怔住了，那闯祸的士兵则僵直地立正，准备接受将军的责罚。但是，将军没有拍案大怒，他用餐巾抹了抹头，不仅宽恕了士兵，还幽默地说："老弟，你以为这种疗法有效吗?"这样，全场人的紧张气氛都被一扫而光。

据说一位店主的年轻帮工总是迟到，并且每次都以手表出了毛病作为理由。于是那位店主对他说："恐怕你得换一块手表了，否则我将换一位帮工。"这话软中带硬，既保住了对方的面子，又严厉地指出了对方的过失，这样比较易于让对方接受。

每个人身边可能会有各种各样性格的人，这些人的处世方式、待人方式都不相同，这就需要你有宽宏的心胸。

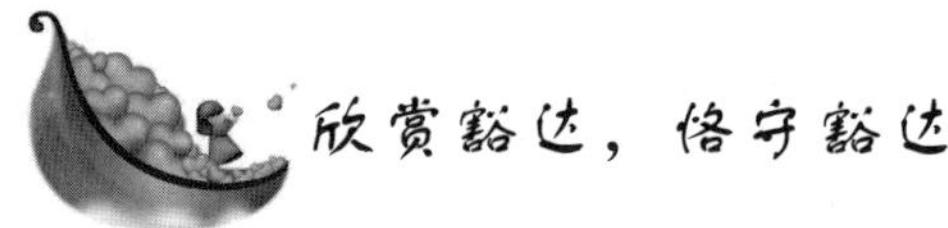

欣赏豁达，恪守豁达

豁达，乃宽宏大量，肚大能容，体现的是一种情操，一种境界，一种心胸。

我们钦佩豁达，欣赏豁达，更恪守豁达。

人在旅途，有平坦也有坎坷，有顺境也有逆境，有得意也有失宠。

学会豁达，你会宁静淡泊，正视人生。笑看花开花落，静观云卷云舒，去留无意，宠辱不惊。

学会豁达，你会健忘计较，懂得宽容，不因鸡毛小事而红面，不为蝇头小利输赢，一笑而过，坦然淡然。

学会豁达，你会心态平和，不慕虚荣。不因春风得意而自傲，不为逆境失而伤情，成功失败自清醒，坚信风雨见彩虹。

学会豁达，你会修正自己，懂得自省。多一份理解，多一份平衡，多一份关爱，多一份感动，多一份感恩，多一份品性。取人之长补己短，存君子之怀弃小人狭隘之胸。"草色人情相与闲，是非名利有无间"，人皆当以豁达之心，走人生之路，其乐自在其中。

豁达对于人生幸福是如此之重要，那么，我们怎样才能使自己的心达到这种境界呢？我们认为，有几点是该明确的：

1. 你的欲望应该有个度

我们拥有主观能动性，必然存在欲望，存在追求。人们的追求是无止境的，问题是看追求什么。若是追求获得更多的知识，追求为社会作出更大的贡献，就是一种崇高的追求；追求有个幸福美满的家庭，追求有一份安稳的工作，也是人之常情；若是一味地追求名利、地位、女色，则就十分危险了。所谓欲壑难填，一旦陷入金钱、权利、美色追逐的漩涡，就很难自拔。克制你的欲望，使之合理适度，这是心归于祥和平静的一个重要法门。

2. 让自己学会无私

每个人都有各自的工作和生活。如果他在工作和生活中，追求的是贡献于社会，努力创造为的是民族和国家，而不仅仅是博取功名利禄，那么，就往往不会为时时都可能发生的报酬不公而抱怨、牢骚满腹、耿耿于怀。相反，却会因对同胞、社会、民族有所奉献，心生畅通光明，坦然无悔。一个为自己打算的人凡事斤斤计较，一遇报酬不满意，便会滋生被遗忘、被冷落、被否定的感觉，心的平衡与安宁必荡然无存。只索取不奉献，就会背弃自己作为社会成员应尽的责任。如此，固然省了精力，图了轻松，得了财富，却会为良心恒久的亏欠和懊悔所折磨，遭人白眼唾骂，更是损了人格，失了尊严。

3. 有点自知之明

人们能否得到心灵豁达，能否正确评价自我和确立自我追求是很重要的。一个人评价自我，是通过认识自己的长处和短处来进行的。如果夸大长处，必会傲气盈胸，自命不凡；夸大短处，则自惭形秽，自暴自弃。而只要自我评价一旦失真，人们通常就不知道自己应该做什么和能做些什么，在追求目标的选择上就容易陷入盲目。一个人只有自我评价恰如其分时，才心宁情畅，不骄不躁，不亢不卑。因此，生活目标可定的适当的高度，一种既能充分激发自己的潜力，经过努力又能达到的目标，将使人们内心坚定踏实，永远充满乐观、自信、自尊与自豪。追求豁达的人，必然是一个积极、认真了解自己和切切实实了解了自己的人！

4. 来点自省

人非先天就是圣人，心中难免会有这样那样的错误、暗淡、罪恶、虚伪等念头。存在这些念头并不可怕，可怕的是放纵、任性和宽恕自己，从而造成恶性循环，永远生活在黑暗中，最后被毁灭。人应该经常反省自己，警惕自己，告诫自己，使这些念头不重复而逐渐把它克服。一个人只有不断地清洗自己的心，扫除思想上的桎梏和精神上的烟雾，才能扩大豁达的心。雨果说："世界上最辽阔的是大海，比大海更辽阔的是天空，比天空更辽阔的是人的胸怀。"雨果所说的，正是那些豁达的人。

豁达是一种情操，更是一种修养。只有豁达的人，才真正懂得善待自己，善待他人，生活才充满快乐，这才是豁达人生！

大气量是高尚的人格修养

我们说，大气量是一种高尚的人格修养，一种"宰相胸襟"，一种大将风度。

唐代娄师德，气量超人，当遇到无知的人指名辱骂时，就装着没有听到，有人转告他，他却说："恐怕是骂别人吧！"那人又说："他明明喊你的名字骂！"他说："天下难道没有同姓同名的人。"有人还是不平，仍替他说话，他说："他们骂我而你叙述，等于重骂我，我真不想麻烦你来告诉我。"有一天入朝时，因身体肥胖行动缓慢，同行的人说他："好似老农田舍翁！"娄师德笑着说："我不当田舍翁，谁当呢？"

清代中期，当朝宰相张廷玉与一位姓叶的侍郎都是安徽桐城人。两家毗邻而居，都要起房造屋，为争地皮，发生了争执。张老夫人便修书北京，要张廷玉出面干预。这位宰相到底见识不凡，看罢来信，立即做诗劝导老夫人："千里家书只为墙。再让三尺又何妨？万里长城今犹在，不见当年秦始皇。"张母见书明理，立即把墙主动退后三尺。叶家见此情景，深感惭愧，也马上把墙让后三尺。这样，张叶两家的院墙之间，就形成了六尺宽的巷道，成了有名的“六尺巷”。

要心怀坦荡，宽容他人，就必须做到互谅、互让、互敬、互爱。互谅就是彼此谅解，不计较个人恩怨。人都是有感情和尊严的，既需要他人的体谅，又有义务体谅他人。有了互相之间的谅解，就能清心降火，在任何情况下，都能保持平静的心境和宽厚的品格。互让，就是彼此谦让，不计较个人名利得失。心底无私天地宽，淡泊名利，摒弃私心杂念，自觉做到以整体利益为重，把好处让给别人，把困难留给自己，相互之间的矛盾就容易化解。争名于朝，争利于市，一事当前先替自己打算，对个人得失斤斤计较，是难以与他人和睦相处的。互敬，就是彼此尊重，不计较我高你低。尊重别人是一种美德，“敬人者，人自敬之”，尊重别人，自然会获得别人的好感和尊重。如果无视他人的存在，不尊重他人的人格，就不会有知心朋友。互爱，就是彼此关心，不计较品格气质的差异，爱能包容大千世界，使千差万别、迥然不同的人和谐地融为一个整体；爱能熔化隔膜的坚冰、抹去尊卑的界线，使人们变得亲密无间；爱能化解矛盾，消除猜疑、嫉妒和憎恨，使人间变得更加美好。

能否拥有宽容的度量，关键靠三点：一是平等的待人态度。不自认为高人一等，保持一颗平常心，平视他人，尊重他人；二是宽阔的胸襟。心胸坦荡，虚怀若谷，闻过则喜，有错就改；三是宽容的美德。能够仁厚待人，容人之过，“宰相肚里能撑船”，而不是斤斤计较，睚眦必报。由此看来，在雅量的背后，实际上反映的是一个人的素养和品行。如今的一些人之所以难有雅量，除了外部环境的影响外，更主要的原因恐怕还是在于以上几个方面的修炼不到家，素养与品行上尚欠火候吧。

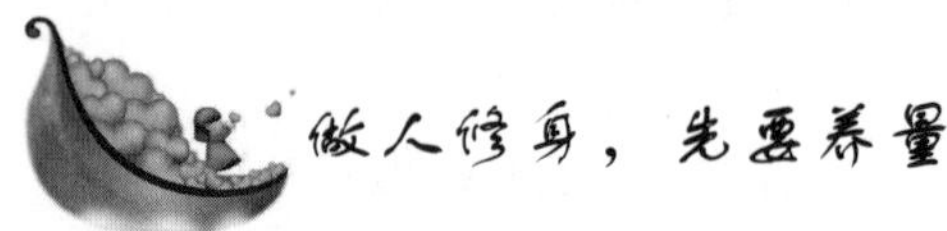

做人修身，先要养量

自古的学者都讲究养能、养学、养气、养德、养心、养量。做人修身，重要的是先要养量。

宋朝宰相富弼，处理事务时，无论大事小事，都要反复思考，因为太过小心谨慎，因此就有人批评他、攻击他。有一天，就在他马上要上朝的时候，有人让一个丫鬟捧着一碗热腾腾的莲子羹送给他，并故意装作不慎打翻在他的朝服上。富弼对丫鬟说："有没有烫着你的手？"然后从容换了朝服。

这样的器量，他能不做宰相吗？

人有一分器量，便有一分气质；人有一分气质，便多一分人缘；人有一分人缘，必多一分事业。虽说器量是天生的，但也可以在后天学习、培养。我们阅读历史，多少的名人圣贤，有时不赞其功业，而赞其器量，所以器量对人生的功名事业至关重要！

那么如何"养量"呢？

1. 平时凡是小事，不要太过和人计较，要经常原谅别人的过失，但是大事也不要糊涂，要有是非观念。

2. 不为不如意事所累。不如意事来临时，能泰然处之，不为所累，器量自可养大。

3. 受人讥讽恶骂，要自我检讨，不要反击对方，器量自然日夜增长。

4. 学习吃亏，便宜先给别人，久而久之，从吃亏中就会增加自己的器量。

5. 见人一善，要忘其百非。只看见别人缺点而不见别人的优点，无法养成器量。

你的器量不顾别人，只顾自己，那只能养自己；假如你的肚量能涵容全家，你就能做一家之长；你的肚量能包容一县，就能做县长；能包容一省，就能做省长；能包容一国，就能做国主。历史上，

成功的人物，并非他有三头六臂，功力高强，而是他的肚量比别人大啊！肚量小的人不能容人，人又怎么会容你呢？所以布袋和尚为人歌颂“大肚能容，容却人间多少事；笑口常开，笑尽人间古今愁”。

你能把虚空宇宙都包容在心中，那么你的心量自然就能如同虚空一样的广大。有一打油诗云：“占便宜处失便宜，吃得亏时天自知；但把此心存正直，不愁一世被人欺。”

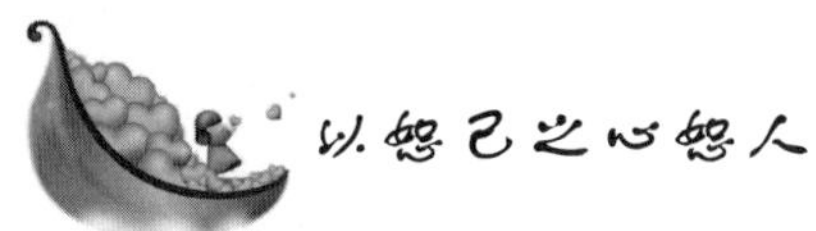

以恕己之心恕人

穿梭于茫茫人海中，面对一个小小的过失，常常一个淡淡的微笑、一句轻轻的歉语，带来包涵谅解，这是宽容；在人的一生中，常常因一件小事、一句不注意的话，被人不理解或不信任，但不苛求任何人，以律人之心律己，以恕己之心恕人，这也是宽容。

在日常生活中，当没有缘分的“对手”，出于内心的丑恶在你背后说坏话做错事时，此时你想伺机报复还是宽容？当你亲密无间的朋友，无意或有意做了令你伤心的事情，此时你想从此分手还是宽容？冷静地想一想，还是宽容为上，这样于人于己都有好处。

有一天，一个强盗突然闯进禅院，向七里禅师抢劫：“快把钱拿出来，不然就要你的老命！”七里禅师指指木柜说：“钱在抽屉里，你自己拿吧，但请留下一点给我买食物。”强盗得手后正要逃走，七里禅师却把他叫住：“收了别人的东西应该说声谢谢才对啊！”强盗扭头随便说了句“谢谢”便头也不回地跑了……

后来，这个强盗被捕了，衙差把他带到七里禅师面前：“他交代曾抢劫过你的钱，是吗？”七里禅师说：“他没有向我抢，钱是我自愿给他的，再说，他也谢过我了。”

这个人服刑期满之后，立刻来叩见七里禅师，真诚地恳求禅师收他为徒。七里禅师虚怀若谷的“宽容之心”，使强盗那邪恶的心灵在瞬间得到了净化，最终“放下屠刀，立地成佛”。

什么是宽容？汉语词典上说“宽容就是宽大有气量，不计较或追究。”意思是说，对别人的伤害不计较和追究。

宽容的确是一种美德，温暖的宽容也的确让人难忘。不妨让我们看两个例子。

公共汽车上人多，一位女士无意间踩疼了一位男士的脚，便赶紧红着脸道歉说：“对不起，踩着您了。”不料男士笑了笑：“不，不，应该由我来说对不起，我的脚长得也太不苗条了。”车厢里立刻响起了一片笑声，显然，这是对优雅风趣的男士的赞美。而且，身临其境的人们也不会怀疑，这美丽的宽容将会给女士留下一个永远难忘的美好印象。

一位女士不小心摔倒在一家整洁的铺着木板的商店里，手中的奶油蛋糕弄脏了商店的地板，便歉意地向老板笑笑，不料老板却说：“真对不起，我代表我们的地板向您致歉，它太喜欢吃您的蛋糕了！”于是女士笑了，笑得挺灿烂。而且，既然老板的热心打动了她，她也就立刻下决心“投桃报李”，买了好几样东西后才离开了这里。

是的，这就是宽容——它甜美、它温馨、它亲切、它明亮、它是阳光，谁又能拒绝阳光呢！

丘吉尔在二战结束后不久的一次大选中落选了。他是个名扬四海的政治家，对于他来说，落选当然是件极狼狈的事，但他却极坦然。当时，他正在自家的游泳池里游泳，是秘书气喘吁吁地跑了来告诉他：“不好！丘吉尔先生，您落选了！”不料丘吉尔却爽然一笑说：“好极了！这说明我们胜利了！我们追求的就是民主，民主胜利了，难道不值得庆贺？朋友劳驾，把毛巾递给我，我该上来了！”

不得不让人佩服丘吉尔，那么从容，那么理智，只一句话，就成功地再现了一种极豁达大度极宽厚的大政治家的风范！

还有一次，在一次酒会上，一个女政敌高举酒杯走向丘吉尔，并指了指丘吉尔的酒杯，说：“我恨你，如果我是您的夫人，我一定会在您的酒里投毒！”显然，这是一句满怀仇恨的挑衅，但丘吉尔笑了笑，挺友好地说：“您放心，如果我是您的先生，我一定把它一饮而尽！”妙！果然是从容不迫。不是吗？既然您的那句话是假定，我也就不妨再来个假定。于是就这么一个假定，也就给了对方一个极宽容的印象，并给了人们一个极重要的启示——原来，你死我活的断杀既可做刀光剑影状，更可以做满面春风状。

有一位老人写过这样的一首诗：宽容是蔚蓝的大海，纳百川而清澈明净；宽容是高阔的天空，怀天下而不记仇恨怨愤；宽容是灿烂的阳光，送你甘霖送你和风；宽容是延续生命，生命的辉煌也只有闪烁的一瞬；宽容大度才能超越局限的自身，一语宽容，雨露缤纷，一生宽容，心系乾坤。

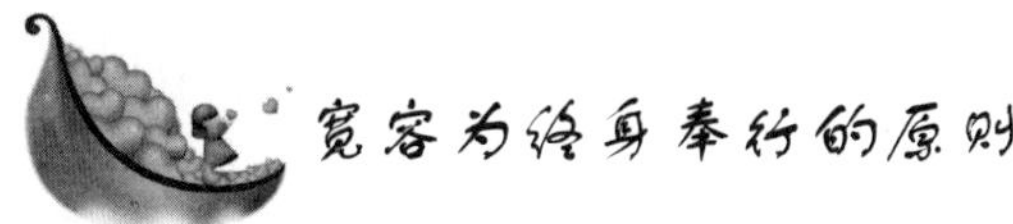

宽容为终身奉行的原则

宽容是一种无声的教育。唯有宽容的人，其信仰才更真实。要取得别人的宽恕，你首先要宽恕别人。

有一次，孔子的学生子贡曾问孔子："老师，有没有一个字。可以作为终身奉行的原则呢?"孔子说："那大概就是'恕'吧。""恕"，用今天的话来讲，就是宽容。

相传春秋时期，楚王请了很多臣子们来喝酒吃饭，席间歌舞妙曼，美酒佳肴，烛光摇曳。酒至兴处，楚王命令两位他最宠爱的美人许姬和麦姬轮流向各位敬酒。

忽然一阵大风刮过，吹灭了所有的蜡烛，厅堂里漆黑一片。席上一位官员乘机揩油，摸了许姬的玉手。许姬一甩手，扯了他的帽带，匆匆回到座位上，并在楚王耳边悄声说："刚才有人乘机调戏我，我扯断了他的帽带，你赶快叫人点起蜡烛来，看谁没有帽带，就知道是谁了。"

楚王听了，连忙命令手下先不要点燃蜡烛，接着大声向各位臣子说："我今天晚上，一定要与各位一醉方休。来，大家都把帽子脱了痛饮几杯。"

众人都没有戴帽子，也就看不出是谁的帽带断了。

后来楚王攻打郑国，有一位勇士独自率领几百人，为三军开路。他过关斩将，直通郑国的首都。此人就是当年揩许姬油的那一位，

他因楚王施恩于他，而发誓毕生效忠于楚王。

这个小故事讲的是宽容，楚王表现出了一代霸主的大度。在今天看来，这件事小得不能再小，男女同事之间还可以握握手嘛。但在当时的男女授受不亲的社会风气下，当事人还是国王的宠姬，性质就严重了。楚王非但不治罪，还想办法替他遮羞，这种胸襟，即便是别有用心，也能光耀千古了。

宽容，首先包括对自己的宽容。只有对自己宽容的人，才有可能对别人也宽容。人的烦恼一半源于自己，即所谓画地为牢，作茧自缚。

芸芸众生，各有所长，各有所短。争强好胜失去一定限度，往往受身外之物所累，失去做人的乐趣。只有承认自己某些方面不行，才能扬长避短，才能不让嫉妒之火吞灭心中的灵光。

宽容地对待自己，就是心平气和地工作、生活，这种心境是充实自己的良好状态。充实自己很重要，只有有准备的人，才能在机遇到来之时不留下失之交臂的遗憾。知雄守雌，淡泊人生是耐住寂寞的良方。轰轰烈烈固然是进取的写照，但成大器者，绝非热衷于功名利禄之辈。

宽容，最重要的是学会去宽容别人。宽容了别人，等于善待了自己，它能使自己的生活变得轻松快乐。经历过风和雨，才能领悟到人生的苦和乐、爱与恨，才知道人生中应该忘记什么，记忆什么，放弃什么，学会什么，那样才是举重若轻。我想，最该忘记的是你曾帮助的人，最应该原谅的是曾经伤害过你的人，最该放弃的是功过是非、名利得失，最需要学会的便是宽容别人。

宽容，意味着不拿别人的过错来伤害自己。我们有时候可能受到过别人的伤害，而把自己的心情陷在深深的痛苦和烦恼之中不能自拔。其实，痛苦往往是你自己找来的。面对已经发生过的伤害，只要咱们去正确对待，去认真分清哪些是有意的伤害和不经意间带给你的伤害，用一颗平常心去对待它，用一颗包容之心对待，你心中的烦恼就会减轻许多。

气愤和悲伤是追随心胸狭窄者的影子。生气的根源不外是异己的力量——人或事侵犯、伤害了自己（利益或自尊心等），一言以蔽之，认定别人做错了，于是勃然作色，恶从胆边生，咬牙切齿，怒从心头起。凡此种种生理反应无非在惩罚自己，而且是为他人的错误！显然不值。

宽容是一种博大，它能包容人世间的喜怒哀乐；宽容是一种境界，它能使人跃上大方磊落的台阶。只有宽容，才能“愈合”不愉快的创伤；只有宽容，才能消除人为的紧张。

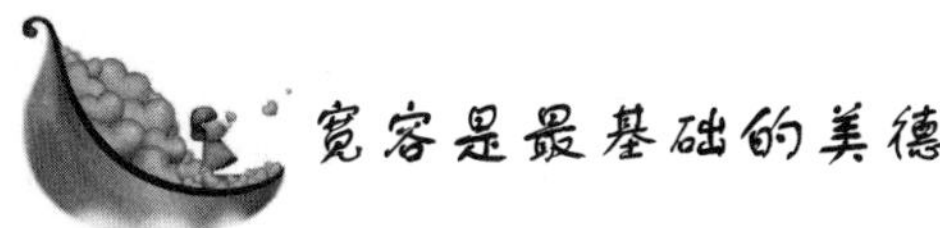

宽容是最基础的美德

宽容是人类最高尚的美德之一，而且是那种最基础的美德。因为没有宽容，其他的美德几乎都是空中楼阁，成为无趣的标榜而已。十年前的“理解万岁”，曾经让无数人潸然泪下，但是和宽容的境界相比，“理解”的确不算什么。有的时候理解和嘲讽、落井下石没有任何的矛盾，而宽容则和忍让、尊重、毫不张扬等美德同生。而且我认为宽容应该是人们的归宿，是储存一定的生命和阅历后，理所应该达到的一种境界。如果一个老年人雍容洒脱，心怀若谷，我们会觉得是很自然很可亲的，但是一个人到了老年还是斤斤计较、心胸狭隘，我想谁也会厌烦他。

宽容的人，永远是心态平和的人，他看世界的万物，就像是祖母看着调皮的孙子一样，眼神不禁流露出一种慈爱、关切；也像是你看着踩了你的脚、歉意的说着“对不起”的人那样，充满着理解和体谅。但是很可惜，要是超过了这个限度，一般的人们就开始叫苦不迭，甚至咒骂起来了。虽然，宽容的境界要比“理解”高很多，但是理解却是宽容不可少的一部分，理解未必宽容，但是宽容却一定包含着相互理解。

安徒生有这样一则童话叫《老头子总是不会错》，看后印象深刻，多有感悟。故事并不复杂：

乡村有一对清贫的老夫妇，有一天他们想把家中唯一值点钱的一匹马拉到市场上去换点更有用的东西。老头子牵着马去赶集了，

他先与人换得一条母牛，又用母牛去换了一头羊，再用羊换来一只肥鹅，又由鹅换了母鸡，最后用母鸡换了别人的一大袋烂苹果。在每一次交换中，他倒真还是想给老伴一个惊喜。当他扛着大袋子来一家小酒店歇息时，遇上两个英国人，闲聊中他谈了自己赶场的经过。两个英国人听得哈哈大笑，说他回去准得挨老婆子一顿揍。老头子坚称绝对不会，英国人就用一袋金币打赌，如果他回家未受老伴任何责罚，金币就算输给他了，三人于是一起回到老头子家中。

老太婆见老头子回来了，非常高兴，又是给他拧毛巾擦脸又是端水解渴，听老头子讲赶集的经过。他毫不隐瞒，全过程一一道来。每听老头子讲到用一种东西换了另一种东西，她十分激动地予以肯定。“哦，我们有牛奶了”，“羊奶也同样好喝”，“哦，鹅毛多漂亮！”“哦，我们有鸡蛋吃了！”诸如此类。最后听到老头子背回一袋已开始腐烂的苹果时，她同样不愠不恼，大声说：“我们今晚就可吃到苹果馅饼了！”不由搂起老头子，深情地吻他的额头……

其结果不用说，英国人就此输掉了一百多磅金币。

初读这篇童话时，还不能理解这其中的深刻含义，以为是安徒生在讽刺嘲弄愚蠢之人，或是在宣扬“夫唱妇随”。随着人生经历和婚姻生活的不断磨炼，我才慢慢解悟了安徒生的精妙用意。他是要告诉我们家庭生活夫妻之间最重要的基础是宽容、尊重、信任和真诚。即使对方做错了什么，只要心是真诚的，就应该重过程重动机而轻结果，这样才能有家庭的和睦，夫妻的恩爱，宽容是善待婚姻的最好方式，充分理解对方的行事做法，不苛求不责怨，如此，必然给对方以爱的源泉，婚姻一定如童话般妙趣横生，和美幸福。

爱是一门艺术，宽容是爱的精髓。

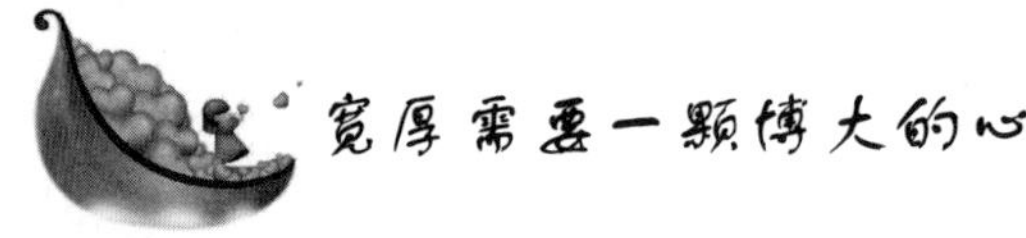

宽厚需要一颗博大的心

中国有句经典的老话，叫做“大人不记小人过”，这里的“大人”可以说是厚道博爱之人，而“不记小人过”则可说是厚道人

“大肚能容”，摒弃前嫌。“大人不记小人过”，是指包容对方，不对其进行仇恨的报复，而是对其报以微笑。此做法的意义是要在气度上战胜对方，让他感觉到自己是个斤斤计较的小人，这样他在心理上便失去了招架之功，同时也可使其意识到自己所犯的过错，有时我们的大度甚至会帮助别人改过自新，他们就会向我们报恩。

宋朝郭进做山西巡检时，有个官吏因为与他有点小过节，一直对他怀恨在心，终于有机会到朝廷控告他，宋太祖召见了这个官吏，经过一番询问后，结果发现他由于仇恨在诬告郭进，于是宋太祖命人把他押回山西，任郭进处置。当时大多数人都建议郭进杀了这个人，但郭进没有那样做。因为郭进知道这是个人才，如果杀了他，就是国家的损失。当时正值兆汉国入侵，郭进就对这个官吏说：“你敢到皇帝面前诬告我，证明你确实有些胆量。现在我既往不咎，赦免你的罪过，但你要戴罪立功，如果你能打退入侵的敌人，我将向朝廷保举你。如果你打败了，就自己去投河。”这个官吏感谢郭进的不杀之恩，在战斗中奋不顾身，英勇杀敌，后来打了胜仗，郭进不记前仇，向朝廷推荐了他，使他得以提升，做了一员武将。

厚道之人都有宽大的胸襟，不计前嫌，能够容忍别人犯下的罪过，这样一来，自己的仇人反而心存感激，以至良心发现，找机会来报答自己。那些专门指责别人的过错，找机会对其报复的人，反而会激发仇人更大的愤怒，以至回过头来继续与他争斗，最终双方都不会有好下场。因此成功的人都有一颗宽大博爱的心，他们以宽广的心胸战胜一切与自己较量的人。

香港商业巨人李嘉诚所创建的公司均以“长江”作为字号。起初涉足塑胶业，他把塑胶厂取名为“长江塑胶厂”，后来又转为房地产业，将其公司命名为“长江地产有限公司”。后来规模扩大，改名为“长江实业”。

李嘉诚为何对“长江”二字如此青睐？他说：“长江，容纳百川，不择细流。”是的，在商场上，对自己构成危害的人与事实在太多了，如果一一追究，恐怕就不会有精力去打理自己的生意了。只有用一颗宽厚博爱之心对待别人，做到良性竞争，才能不断壮大自己，最终获得成功。

廉颇和蔺相如的故事大家都很熟悉。面对廉颇的无礼，蔺相如表现出极其难得的气度，用自己宽厚博爱的心对待廉颇，最后他的宽容使廉颇深感惭愧，“负荆请罪”并与蔺相如携手共同为国家的富强立下了汗马功劳。

宽容避免了正面冲突和交锋，从而减少了不必要的矛盾。宽容能化解人们之间的怨恨与隔阂，使大家团结一致，共同奋斗。宽容是人特有的一种涵养，具有宽容美德的人才能获得别人的尊重与敬仰。

丹尼·胡佛曾是美国西北航空公司的一级飞行员。他的飞行技术十分高超，飞行经验十分丰富，在他的飞行生涯中未出现一次事故，他由此赢得了同行的敬佩。但让他在同事中树立较高威信的另一个重要原因是他有宽容的美德。

有一次，他驾驶飞机从圣地亚哥飞到西雅图，途中飞机的发动机突然起火，飞机随即下坠，情况十分紧急。胡佛凭着超人的应变能力和丰富的经验，使飞机安全降落，机上成员安然无恙，但是飞机被烧成了一堆废铁。

经过调查，胡佛发现问题出在加错了油上。本来应该加螺旋桨飞机专用的油，而机械师加了喷气式客机所用的燃料。这一小小的失误不仅造成极大的损失，也让胡佛等人差点儿送了命。

胡佛马上命人找到加油的机械师，机械师也因失事感到万分难过。大家以为胡佛会大发雷霆，责骂他工作不负责任，差点害自己与其他人丧命，一定会恨他毁了自己心爱的螺旋桨飞机，甚至会解雇他。出人意料的是，胡佛拍拍年轻机械师的肩，反而安慰说：“年轻人，别难过了，只要知错能改就行了。你看我的那架飞机还等着你去加油呢。”

胡佛非但没有责怪机械师，反而安慰他，这需要多大的气量！

宽容可以超越一切，因为宽容包含着人的心灵，因为宽容需要一颗博大的心。

这是一个让人灵魂震撼的故事。第二次世界大战期间，一支部队在森林中与敌军相遇，经过一场激战，有两名来自同一个小镇的战士与部队失去了联系。他们俩相互鼓励，相互宽慰，在森林里艰难跋涉。十多天过去了，仍然没有与部队联系上。他们靠身上仅有的一点鹿肉维持生存。又经过一场激战，他们巧妙地避开了敌人。刚刚脱险，走在后面的战士竟然向走在前面的战士安德森开了枪。

子弹打在安德森的肩膀上。开枪的战士害怕得语无伦次，他抱着安德森泪流满面，嘴里一直念叨着自己母亲的名字。安德森碰到开枪的战友发热的枪管，怎么也不明白自己的战友会向自己开枪。但当天晚上，安德森就宽容了他的战友。

后来他们都被部队救了出来。此后 30 年，安德森假装不知道此事，也从不提及。安德森后来在回忆起这件事时说："战争太残酷了，我知道向我开枪的就是我的战友，知道他是想独吞我身上的鹿肉，知道他想为了他的母亲而活下来。直到我陪他去祭奠他母亲的那天，他跪下来求我原谅，我没有让他说下去，而且从心里真正宽容了他，我们又做了几十年的好朋友。"

拥有一颗宽厚博爱之心，抛开仇恨这个困扰，就能拥有别人对自己的信赖与敬仰。有时候当别人当众顶撞了我们，或故意侮辱了我们，充满仇恨地进行报复只能使我们得到一时的快意，但却不能有好的后果。我们用什么样的态度对待别人，别人就会用同样的态度对待我们。所谓，冤家宜解不宜结。所以我们必须做到心胸开阔如海洋，试着和与自己有过嫌隙的人从容地打一打交道，体谅和理解别人的难处，这样我们就会建立很好的人际关系。

做人要厚道，处事要宽松

"厚道"顾名思义，就是心胸宽广，能够化恩怨干戈为真情玉帛；是心地善良，化复杂的人生为简单的处世。对别人多一些宽容，就是心存善良；宁愿人负我，不愿我不负人，化敌为友，就是心存美好；将心比心，以心换心，以情还情，也是以德报怨，以善报恶。换而言之，就是"以责人之心责己，以恕己之心恕人"。世上千人千面，各有各的活法，但厚道做人是处世的基础和前提。

厚道之人，即是通达大度、重义守信之人，有时也会给人以大智若愚之感。厚道之人经常他人给我一横眉，我还他人一笑脸；他人给我一暗箭，我坦然回以报之；他人给我一句坏话，我以善意驳斥；人给我一个陷阱，我以智慧超越。一些人常为了一些非原则性的或鸡毛蒜皮的小事争得面红耳赤，谁都不肯甘拜下风，以至大打出手。其实，事后静下心来想一想，当时若是能够熄灭心中的无名怒火，自是忍一时风平浪静，退一步海阔天空。

《寒山拾得问对》的故事中曾有这样一段对答：昔日寒山问拾得曰：世间谤我、欺我、辱我、笑我、轻我、贱我、恶我、骗我，如何处治乎？拾得云：只是忍他、让他、由他、避他、耐他、敬他、不要理他、再待几年你且看他。这精妙的一问一答，其中蕴含着中国千年历史文明的精华，也真实地反映出“厚德载物”的真正内涵。

《菜根谭》中指出：“径路窄处，留一步与人行；滋味浓的，减三分让人尝。”可谓是涉世一极乐法，乃做人之厚道也！

处事宽松，有利于人际情感的沟通，避免心机重重，防不胜防；处事宽松，有利于工作方法的变通，避免一条胡同走到黑；处事宽松，有利于办事渠道的畅通，避免中途塞车。

那么，要怎样才能做到处事宽松呢？

第一，要少高调，保持低调。

高调了，会曲高和寡，支撑力差。虽然高调会自我感觉良好，能获得一时的称赞，但是结局往往是堵了自己的去路，失去他人的支撑。当前一些人，干事之前大肆宣传一番，讲大道理，谈大意义，有的甚至夸夸其谈，不切实际，到真正做起来时便力有不逮，他人也无所适从，又谈何支撑？

低调了，可克制平稳，回旋度大。中国古代贤哲，无不以低调为立身的根本、处世的金箴。诸葛亮身怀济世之才，却“伏处于一方”，“不求闻达于诸侯”，最终等到机会，干了一番事业。低调，不会把自己逼进死胡同，会留给自己很大的回旋空间。

第二，要少浮躁，注意平和。

浮躁可以说是当今的一种普遍现象，其根源是多方面的，如生活节奏的加快，工作压力的加大，各种信息的轰炸等等。其实不是现在，浮躁心理早已有之。

早在1955年3月，毛泽东同志在《中国共产党全国代表会议上的讲话》中就指出：“戒骄戒躁，永远保持谦虚进取的精神。”可见，浮躁是我们工作的大敌，尤其是在今天，更要戒躁。要戒躁，就要以平常心看待事物，做到多听正道，少听谗言；多些理解，少些猜疑；多琢磨事，少琢磨人。只有这样，才能处事宽松，才能成功。

第三，要少计较，顾全大局。

俗话说：退一步海阔天空。意思是我们在生活、工作中要少计较，那么，人与人的关系就宽松多了。毛泽东同志讲过，凡是有人的地方就有左中右。这个不奇怪，但只要大家不逞强争霸，不独断专行，不独来独往，不争功诿过，而是相互尊重，相互谅解，相互补台，我们的天地就会变得非常宽广。

俗话说得好：“吃亏就是便宜。”这句话富含了深刻的哲理，人是有感情的，在处世中时常吃些“亏”，其实是一种谦让和宽厚，会得到别人的喜爱，可拉近人与人的关系，自然就会处处朋友。

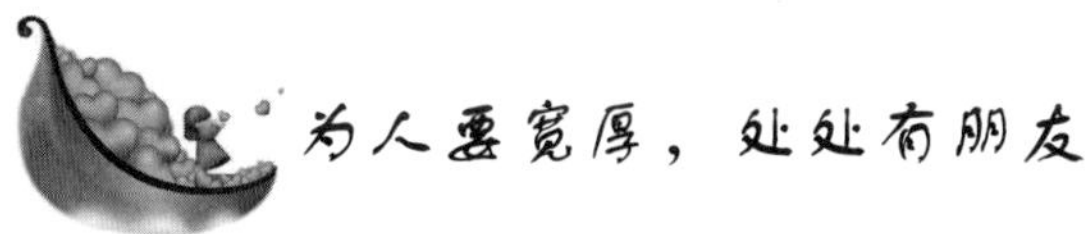

为人要宽厚，处处有朋友

所谓“君子坦荡荡，小人常戚戚”，意思是君子心胸开阔，思想坦率纯洁，行为舒坦安定，用一个词来形容，就是“宽厚”，这是做人的态度问题。俗话说得好：“吃亏就是便宜。”这句话富含了深刻的哲理，人是有感情的，在处世中时常吃些“亏”，其实是一种谦让和宽厚，会得到别人的喜爱，可拉近人与人的关系，自然就会处处朋友。

那么，怎样才能做到为人宽厚呢？

第一，为人宽厚须自重。

要赢得别人的尊重，首先自己要自重、自尊、自律，还要不断完善自我，纯洁自我，提高自我。要做到这样，一是要防微，千里之堤，溃于蚁穴，把不良的思想、观念、行为消灭在苗头之时尤为重要。因此，对自己要高标准、严要求，勇于纠正自己的错误；要敢于批判自己，自以为非，即鲁迅所说的“解剖自己”；要时刻监督自己的行为，勿以善小而不为，勿以恶小而为之。二是要慎独，古人能做到“日三省乎己”，我们也应做到经常反省、约束自己，而约束的准绳，不仅要有道德标准，更要有党纪国法、政策法规，把自己塑造成一个气正心宽的人，做到不取非分之物，不贪非分之财，不作非分之想。和这样的人做朋友，会觉得受益。

第二，为人宽厚须憨厚。

憨厚与老实是分不开的，憨厚老实的人，不会拘于小节，不会小肚鸡肠，不会处心积虑，所以，老实人很多时候容易“吃亏”，但吃亏也是便宜，也会得益，既然是得益，我们又何妨做个憨厚点、粗放点、幽默点的老实人呢！“憨厚点”，就是对一些小事不要过于较真，大事清醒，小事糊涂，以免劳神、伤身；“粗放点”，就是行也安然，坐也安然，名也不贪，利也不贪，与世无争，与人为善，顺也乐观，逆也乐观；“幽默点”，就是学会风趣幽默，不要总板着脸或闷闷不乐，要使心境坦荡，情绪平和。人之初，性本善，长大以后很多人会向另一个方向发展，但如果能够主观上培养憨厚，其实是个返璞归真的过程。和这样的人做朋友，会觉得亲切。

第三，为人宽厚须忠直。

忠直是什么？就是做人忠诚坦荡，积极正直。从古到今，名留青史的，都是忠直之人，那些奸佞之徒，不是被历史湮没，就是落得千古骂名。上观古代，文天祥、岳飞为什么可以名垂青史？就是因为他们有一身正气，对待奸恶敢于“怒发冲冠”；下观现代，令我们肃然起敬的，不正是那些对党无限忠诚，对人民鞠躬尽瘁的人吗？唐朝的颜真卿和宋朝的秦桧，都是对后世影响极大的书法家，颜真卿因大义凛然，使“颜体”流传至今，而秦桧因大奸大恶，他创造的字体只能称为“宋体”。可见，忠直的人才是被人们接受的，所以我们就要做到对党忠诚，对人诚恳，不藏奸，不耍滑，与人为善，表里如一，做老实人，办老实事。和这样的人交朋友，会觉得安全。

过分强调与天斗、与地斗、与人斗，不利于成功。人定胜天是假，大自然报复人是真。长期与人斗导致人际关系紧张，不利于团结。待人宽容，才能顺利通往成功的彼岸。

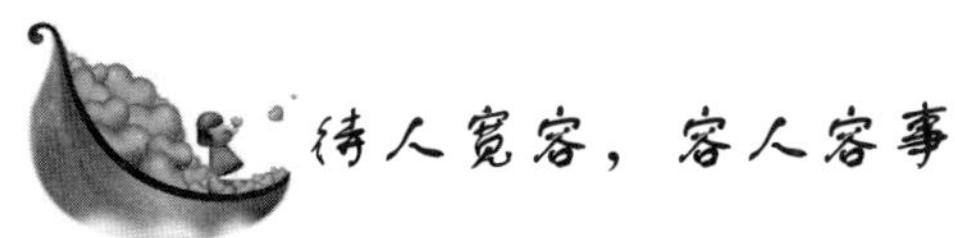

待人宽容，容人容事

古人云："忍一时风平浪静""宰相肚里能撑船"，连弥勒佛，我们也说他"容天下难容之事"；"严于律己，宽以待人"不仅是古代的思想和主张，也是无产阶级革命导师毛泽东的一贯主张。可见，做人宽容，是从古到今，从哲学到人民到领袖的共同主张。

那么，怎样才能做到待人宽容呢？

第一，要把人看高，懂得尊重人。

古代有一个京官，他乡下的家人因建房的围墙问题与邻居打官司，被地方官判其败诉。家人便写信让他出面向地方官施压，但他给家人寄回了一首这样的诗："千里修书只为墙，让他三尺又何妨？长城万里今犹在，不见当年秦始皇。"表现出待人宽容的气度。我们待人接物，也应拿出"让他三尺又何妨"的气度来。我们要站在与人平等甚至较低的位置，去把别人看高，从而去尊重别人，进而认同别人。如果自己高高在上，俯视他人，只会产生蔑视、鄙夷心理，始终把人排斥在外。

第二，要把人看深，懂得欣赏人。

也就是说，看人不要只看表面，要看到别人的内涵和长处，从而去欣赏别人，否则，只会对别人横挑鼻子竖挑眼，待人宽容又何从谈起？古诗云："梅虽逊雪三分白，雪却输梅一段香。"人也如此，各有所长，各有所短，"垃圾只是放错了地方的宝贝"，在一定条件下，一个人的优点和缺点可以互相转化。因此，我们看人就要看到别人的成绩，学习别人的长处，欣赏别人的优点。同时还要看到自己的不足，做到见贤思齐，包容别人的不足，做到善用人长。唯有如此，宽容才会出自本心。

第三，要把人看好，懂得接纳人。

金无足赤，人无完人，关键是我们从什么角度去看一个人。从不同角度去看同一事物，往往会得到截然相反的结论。有个故事，说一个老太婆有两个儿子，一个是卖雨鞋的，另一个是卖太阳伞的，下雨的时候，老太婆担心卖太阳伞的没生意，天晴的时候又担心卖雨鞋的没生意。有人劝她说下雨的时候你要想着卖雨鞋的非常好生意，天晴时要想着卖太阳伞的非常好生意。这就是角度问题。我们看待别人，应看其主流，找出其好的一面，去接纳别人，而不是放大别人的缺点，拒人千里之外。仇官心理、仇富心理，都是把不同阶层的人当成敌人来看待，要斗争到底，这是要不得的。

做人宽容，就要虚怀若谷，能容人容事。

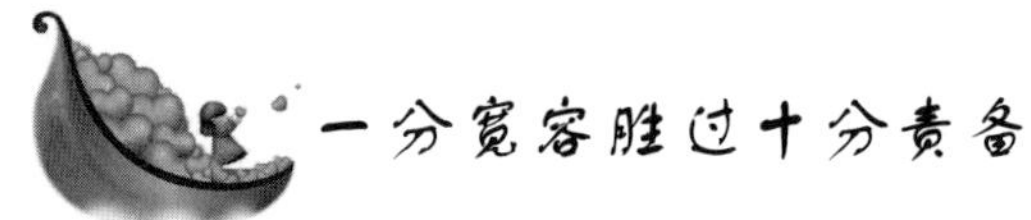

一分宽容胜过十分责备

我开始更多地注意生活中的一些细节，比如，把愤怒的姿势换成握手，让一句厉声的呵斥变得温和，给仇怨一个宽容的眼神，等等。我不想从这些细节中得到什么回报，但我知道这些细节一定会碰上一颗善于感知的心灵。实际上，这已经足够了，就像阳光照耀大地万物的时候，它并不会在意一朵花是否会散发出幽香和芬芳一样。

宽容是人际交往中最重要的理念之一，如果别人能原谅错误，那你也能。除非宽容别人，否则我们无法体会到爱。宽容别人带来的愉快本身是至高无上的，它使我们认识到自己值得受到宽容，也使我们认识到没有宽容心的人是有缺陷的、危险的。

宽容可以通过语言等显性因素来表达，也可通过细节等隐性因素来表达，有时候这些细节或许连自己都未意识，却被善于感知的心灵接纳了。宛如获得了最温暖的心灵触摸，这些纤弱的心也蓬蓬勃勃生长。

我读到过一位中学老师写的一篇文章。有一天晚上，是这位老师值班。照例他要到操场上去转转，操场在教学楼的后边，周边是零星的几盏路灯，有极淡的一点光晕射出来。他带着手电出来，开始沿着跑道往里走，学生们大都回宿舍睡觉去了，到操场转转的目的无非是怕有的学生还没有回去，毕竟在这样一个春末的晚上，清新的空气以及舒爽宜人的温度是让人留恋和眷顾的。如果还有别的目的的话，那就是看看还有没有男女生在操场上——提防有早恋倾向的学生。

果然，再往夜色更深处走，这位老师看到了两个人的背影，那该是一个男生和一个女生。他踌躇了一下，快走几步，赶上了他们。假装着欣赏夜色，他说："今晚的月亮真美，风也很轻柔……你们说是不是？对了，明天6点起床，你们不怕明天起不来吗？"他俩嗫嚅着，说不出话来。听他们的气息，显然被吓坏了，声音中透着紧张和惶恐。面对他们站着，但暗淡的光，还是不能辨清他们的面目。

这位老师问了他俩的班级和姓名，便让他们回去了。虽然感觉他们是在早恋，也想跟他们班主任谈谈，但后来无意中便把这事忘了。

之后，过了好几年，一封来自珠海某公司的信飞至这位老师的案头。原来，信是那个女生寄来的。信里边谈及的内容也是关于那个晚上的。她说："李老师，那个晚上，被您撞见后，我很害怕，其实我们在一起走的时候一直担心着一件事情就是手电筒，我怕突然有一束光毫不留情地照在我俩的脸上，如果这样的话，我们一定会无地自容，以后也不会有好的心态去学习。但是您并没有拧亮你的手电筒，虽然你也有这么一把。这些年，我一直忘不了这件事情，今天给您写去这封信，我要郑重地对您说声谢谢您。"

这个老师最后写道："我在那个晚上，心底里并没有感觉到亮不亮手电会对那件事产生多大的意义。然而，就是这样的一个细节，对于一个孩子，对于一个犯了错误的孩子，是多么大的尊重。这件事情之后，我开始更多地注意生活中的一些细节了，比如，把愤怒的姿势换成握手，让一句厉声的呵斥变得温和，轻拍对方的肩膀，给仇怨一个宽容的眼神，用心倾听卑微的人的话语，等等。我不想从这些细节中得到什么回报，但我知道这些细节一定会碰上一颗善于感知的心灵。实际上，这已经足够了，就像阳光照耀大地万物的时候，它并不会在意一朵花是否会散发出幽香和芬芳一样。或许，它所在意的是，光线的每一个细微的部分，是不是给了花瓣最温暖的触摸。”

正是无意中的一次宽容，无意中的一个细节，却产生了意料不到的效果。给了学生一个坦荡的胸怀，一个光明的前途。就是这样，一分宽容胜过十分责备，宽容别人会给人带来一种感觉，让人觉得你是一个宽容大度的人。

宽容是消除误会的良方

“海纳百川，有容乃大。”做人应该有海一样的胸怀，海一样的气度，才可以获得生活之快乐，成就千古之伟业！

遇到风浪时，大海里的鱼不会惊慌失措，小河里的鱼则会四处逃窜。人和鱼也一样，见过大风浪的人自然具有一种海洋般豁达的气度，遇到事情轻易不会斤斤计较，挥一挥手让事情过去，继续专注自己的事业和人生。而阅历不足、见识不深的人，就会纤毫必争，睚眦必报，陷入没完没了的烦恼中，哪里还有精力去做大事呢?

生活像一座山峰，宽容是小径，循径而上，会知山的高大和巍峨；生活像一片汪洋，宽容是扁舟，泛舟于汪洋之上，才能知海的宽阔。穿梭于茫茫人海中，面对一个小小的过失，一个淡淡的微笑，一句轻轻的歉语，带来包涵谅解，这是宽容。在人的一生中，常常因一件小事、一句不注意的话，使人不理解不信任，但不要苛求任何人，以律人之心律己，以恕己之心恕人，这也是宽容。宽容不仅体现一个人的气度，还显示出他的修养、品德、内涵，以及心态。

宽容能让人看透生死，看淡得失，看轻荣辱，超越世俗人情，隔阂、矛盾、摩擦尽可以化解。它能使人的精神成熟，心灵丰盈。一个人的胸怀能容得下多少人，就能赢得多少人的宽容；能容得下多大的事，就能做出多大的成就；为社会做出多大贡献，就会获得多高的荣誉。

个人的生存和发展需要他人和自我的宽容。

早年在美国阿拉斯加某个地方，有一对年轻人结婚了，但婚后生育时太太因难产而死，遗下一个孩子。小伙子忙生活，又忙于事业，因没有人帮忙看孩子，他就训练了一只狗，那狗聪明听话，能咬着奶瓶喂奶给孩子喝。

有一天，主人出门去了，叫狗照顾孩子。他到了别的乡村，因遇大雪，当日不能回来。第二天才赶回家，狗立即闻声出来迎接主人。他把房门打开一看，到处是血，抬头一望，床上也是血，孩子不见了，狗满口也是血。主人以为狗把孩子吃掉了，大怒之下，拿起刀来向着狗头一劈，把狗杀死了。

之后，他忽然听到孩子的声音，又见孩子从床下爬了出来，于是抱起孩子。虽然孩子身上有血，但并未受伤。

他很奇怪，不知究竟是怎么回事，再看看狗，腿上的肉没有了，旁边有一只死狼，口里还咬着狗的肉。狗救了小主人，却被主人误杀了，这真是天下最令人惊奇的误会。

误会的事，往往是人在不了解真相、无理智、无耐心、缺少思考、未能体谅对方、反省自己的情况之下发生。其实，我们有一剂消除误会的良方，那就是宽容。试想，倘若我们具备了宽容的能力和习惯，时时处处先替对方考虑一下，致命的误会将是可以避免的。

如果你想做一个能位于一人之下，万人之上的人，必须具备一个必然的基础，那就是有一颗和常人不一样的宽容之心。

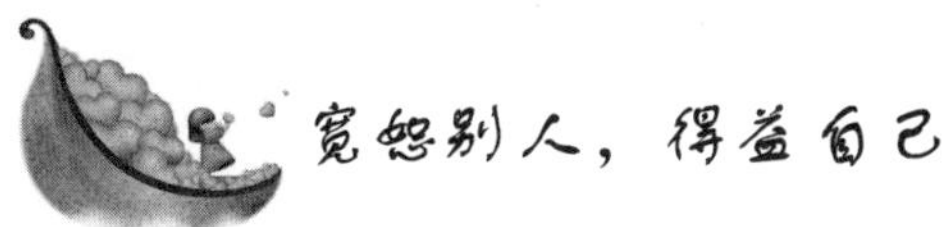

宽恕别人，得益自己

没有人不会犯错，而知道自己犯了错的人最希望得到别人的宽恕和谅解。假如别人希望在自己犯错之后求得你的谅解，你是否能够给他一次改过的机会？这便是你选择做一个宽容的人还是做一个苛刻的人的机会。

释迦在世时，弟子中出了一名叛徒。这个背叛者是释迦的堂兄

弟提婆。

提婆妒忌释迦的名声，屡次设计要杀害他都终告失败。释迦一次次宽恕了他，不过他这个人却恶劣成性，始终不改。有一次，尼僧法施谆谆告诫他，却惹得他凶性大发，杀死了法施。

然而，一重又一重的恶行积压下来，终使提婆不堪良心的谴责而病倒了。病床上的提婆每天都过得极忧烦痛苦，非常希望有什么方法能减轻身心上的折磨。于是他拖着病体，乘了一顶舆轿到释迦那儿去，想要向他忏悔自己的罪过。

然而当舆轿一着地，大地就刮起了一阵大风，而提婆也就活生生被打入阿鼻地狱去了。

释迦的一名弟子见状非常不忍，就对释迦说："我想救救提婆。"

释迦说："很好，可是有一点要注意，你要以正心说教，让他彻底改过。因为要让恶人幡然悔悟，实比在枯木上雕刻还难。"

这名弟子即刻赶往提婆那儿。只见提婆正痛苦地挣扎着，提婆见了他，就哀求他说："我的痛苦就好像被铁轮辗碎了身子，被铁杵痛捣身体，被黑象践踏，把脸投向火山一样，请快来救我！"

弟子答："赶快皈依我佛吧！如此就可以得救。"

说完，所有的痛苦都化为乌有，提婆也痛悔前非，自心底深深悔改。

释迦用宽广的心胸原谅了提婆的过错，包容了他的无礼，这就是宽恕！人们犯错是一种平常，而用宽容的心对待别人的冒犯却是一种超常。

佛陀常常告诫弟子们，"比丘常带三分呆"就是要弟子们大智若愚，凡事不要太计较，即使遭到了别人的无礼也要宽恕他们，因为宽恕别人也是升华自己。

宽恕，是一种净化。当我们手捧鲜花送给他人时，首先闻到花香的是我们自己。而当我们抓起泥巴想抛向他人时，首先弄脏的就是我们自己的手。

宽恕别人并不困难，但也不容易，关键是看我们的心灵是如何选择的。

美国前总统林肯，少年时期曾在一家杂货店打工。有一次，一位顾客的钱包被另一位顾客拿走了，丢了钱包的顾客认为钱是在店中丢的，所以杂货店应当负责，便与林肯发生了争执。而杂货店的老板却为此开除了林肯，老板说："我必须开除你，因为你令顾客对我们店的服务很不满意，因此我们将失去许多生意，我们应该学会宽恕顾客的错误，顾客就是我们的上帝。"

林肯一直都不接受这位顾客的无理和原谅老板的不通情理，但是很多年以后，做了总统的林肯却意味深长地说："我应该感谢杂货店的老板，是他让我明白了宽恕是多么的重要。"

宽恕别人，就是善待自己。仇恨只能永远让我们的心灵生存在黑暗之中，而宽恕却能让我们的心灵获得自由，获得解脱。

其实，宽恕别人的过错，得益最大的是我们自己。曾有这样一个案例，荷兰的一所著名大学的研究人员组织了一批志愿者做了一项有关"宽恕"的实验。

志愿者们被要求想象他们被人伤害了感情，并反复"回忆"被伤害时的情景。研究人员发现，此时的志愿者在身体上和精神上的压力同时加大，伴随着血压升高，他们心跳加快、出汗、面部表情扭曲。之后，研究人员又要求他们停止想自己被别人伤害的事情，虽然没有刚才的生理反应大，但是某些生理症状却依旧存在。最后，志愿者被要求想象已经原谅了自己的"假想敌"，这时，志愿者感到身心放松并且非常的愉快。

这样，研究人员得出结论：宽恕别人，不意味着为犯错的人找借口，而是将目光集中在他们好的方面，从而把自己从痛苦中拯救出来。这正应了那句话：不要拿别人的错误来惩罚自己。

佛陀说："对愤怒的人，以愤怒还牙，是一件不应该的事。对愤怒的人，不以愤怒还牙的人，将可得到两个胜利：知道他人的愤怒，而以正念镇静自己的人，不但能胜于自己，也能胜于他人。"

这就是宽恕的力量。

有容人之量才可成就大业

盘珪禅师是一代名师，教育出很多高超的僧才。一次，他收了一位由于家里无法管教而希望借由佛法的熏陶使之改过向善的坏孩子当徒弟。没想到这孩子到了寺庙，依旧我行我素，时常偷寺中的古董去典当花用。弟子们怕影响寺庙的声誉，立刻向盘珪禅师报告。过了几天，禅师却没有表示有处理之意，而那孩子依旧无恶不作。弟子们实在看不过去了，便再次向禅师要求马上开除这个孩子，否则的话，他们将立即集体离开这个寺庙。这时，盘珪禅师闭着眼睛安详地说："如果你们一定要离开这里，那么我不为难你们，请离开吧！"弟子中有人大感意外地问："您为什么不开除那为非作歹的坏孩子，而要牺牲我们呢？"禅师睁开眼睛说："你们在我这儿修行已有数年，稍有见地，就是离开这里，也可以外出自立门户。倘若这孩子被我们开除了，那他将无处安身。"弟子们恍然大悟，了解了师父的用心，羞愧之余，立即向师父道歉。

禅师以一颗宽容善良的心感动了弟子们，也教育了弟子们，向弟子们展示了一代禅师的胸怀。

一个人的一生中不可能没有失误，也不可能不犯错误，能容人之错，使之有改过之机，则可谓贤者。因为贤，所以会有许多人跟从他。世间万物，有容乃大，一个人有容人之量，则可成就大业。

以本田宗一郎来说吧，他不仅是一位著名的企业家，而且是一位不断完善自己和周围人的德行的人。他通过实施一套独特而又恰当的管理方法，激发了职员们不怕失败，敢于向自我挑战的勇气。1954 年 4 月，宗一郎将自己亲自制定的《我公司之人事方针》发表在公司的报纸上，公开表示要关心职工，并和他们交朋友，聆听他们的意见，让职工拥有充分的自由，有和干部辩论的权利……

1959 年，宗一郎开始了迈向世界的第一步，创办了"美国本田技研工业公司"。川岛被任命为公司的负责人，时年三十九岁，还有

两名年轻的助手分别为小林隆幸和山岸昭之。对川岛一行的这次出征，本田公司的领导层内担心者不在少数。但宗一郎对川岛等深信不疑。然而，川岛一行出师不利，在前六个月的时间里，收效甚微，仅仅售出二百台摩托车，且未收到货款。

宗一郎得悉这一消息后，没有对川岛一行严厉斥责，而是提示他们了解美国摩托车市场的交易规律，还有美国居民的消费心理，改变营销策略，继续开展业务。到了1961年年底，本田公司在美国已拥有五百家销售点，进军美国市场已初见成效。

给年轻人提供施展才能的机会，不怕他首战失利，也不怕暂时的利益亏损，重要的是激发他的潜能，运用他的聪明才智，为企业发展注入新鲜活力，是本田宗一郎一贯的用人思想。与那些只重眼前利益、唯恐亏损的经营者相比，宗一郎的做法充分展现了一个企业家的宽阔胸怀和容人之量。这就是本田公司能够发展壮大的原因之一。

对于部下或同事的失误，不能抓住不放、小题大做、四处宣扬，而要以诚感人，“爱语”纠错。当他人遭受失败时，如果不假思索地进行呵斥，只会激起失误者的逆反心理，不利于事情的发展。聪明的做法是用柔和之词去启发劝导他修正错误。如此，失误者才会心悦诚服地接受你的见解，并心存感激。

中国荔枝大王——农民企业家叶钦海在创办农场初期，就显示出了他在用人方面的超常胆略和智慧。他认为企业要有活力，要有发展，最重要的是在于人才管理，而非资金与规模。在管理上，他实行责、权、利挂钩，对于有才能的人，就要大胆使用，不要怕他犯错误，只要敢于承担责任，就说明他是以主人翁的态度对待企业的。

有一个分场场长在清理草坪时，事先没有掌握天气的情况，见当时没有起风，就让人点燃了草坪。可没过多久，天气忽变，刮起了大风，火势顺着风力迅速蔓延到一旁的荔枝苗。这位分场场长见状，迅速组织人力扑救，但还是烧死了上百株荔枝苗。事后，叶钦海认为分场场长并不是主观放火，并在扑火行动中表现得英勇顽强，因此，在事故分析会上，叶钦海没有责备他，只是要求他吸取教训，在今后的工作中凡事多加考虑，慎重行事。这位场长深受感动，在以后的工作中，热情更高，成了叶钦海的一名得力助手。

商界女杰、运通公司总经理吕有珍，在识人、用人方面也有其独到之处就是扬长避短，大胆使用有过失之人。1994 年，昆明市花园商场因漏电失火，商场经理心急火燎地向吕有珍汇报了此事。吕有珍异常镇定地询问了具体情况后，对他说："你是商场经理，即使着火了你仍是商场经理，你去处理吧，我相信你能处理好。"商场经理以为吕有珍会撤他的职，会严厉地批评他，却没有想到吕有珍仍然如此信任他，这给了他强大的动力。不到一个月的时间，商场经理就处理好了事故的善后问题，花园商场的经营也没有因那次火灾而受到影响。

微软副总裁杰夫·拜克斯也有一段与这位商场经理类似的经历。1984 年，微软试算表软件上市后被发现有重大瑕疵，当时还是产品经理的杰夫硬着头皮去见比尔·盖茨，建议将上市产品全数收回，并诚恳表示愿意承担一切责任。盖茨告诉他："今天你让公司损失了两千五百万美元，我只希望你明天表现得好一点。"盖茨认为一旦犯了错误，切实检讨的实质意义要比追究处罚大得多，因为"如果轻易解雇了犯错的人，也就等于否定了这个教训的价值"。

同样，诺基亚总裁奥利拉也有一句类似的名言，这就是"过失导致发展"。他一直把失败看作接受教育，几乎没有因此而辞退过任何一个员工。他的理由是，如果员工总有失业的压力，总是心存恐惧，就不会产生创新意识。而只有鼓励创新的企业文化才是公司不断进步的动力源泉。

人无完人，不能苛求完美。用人时要扬人之长，避人之短。对有过失的人，哪些能用，哪些不能用，要因人而异，不可一概而论，更不能求全责备，以短盖长。

生活中，对人同样如此。也只有这样，才能让许多有才能，有个性的人团结在你的周围，助你成就事业。

量小非君子，无度不丈夫

大度是人的一种美德，它要求清心寡欲。“人之心胸，多欲则窄，寡欲则宽。”小肚鸡肠，难以容人者，大多是自私自利之徒。

“量小非君子，无毒不丈夫。”这句谚语本来是“量小非君子，无度不丈夫”，也是运用了对仗。可惜“度”为仄声字，犯了孤平，念着别扭，很容易读为平声字“毒”，对音律美感要求甚高的古人便把这句改为“无毒不丈夫”了。

不知从什么年代起，“无毒不丈夫”这句话，成了行凶作恶或野心家、阴谋家的思想行为的“理论根据”，并以此作为他们下毒手的信条。

其实，这句话是以讹传讹而来，并非原句原意，它的原句是由“无度不丈夫，量小非君子”两句寓意深刻的对联式谚语组成的。意思是心胸狭窄、缺乏度量的人，就不配做丈夫和君子。这里的“丈夫”是指有远见卓识、胸怀宽广的“大丈夫”之意，“无度不丈夫”中的“度”和“量小非君子”中的“量”合起来恰成“度量”一词，其本意有“宰相肚里可撑船”一词的意思。

后来，“无度不丈夫，量小非君子”这句民谚在长期辗转流传中，音义皆变，结果以讹传讹，竟错成“无毒不丈夫，量小非君子”了。

做人要心胸宽广，海纳百川的度量，有“得让人处且让人”的宽容。要学会体谅别人的难处，谅解别人的错处，关注别人的长处。心胸开阔与否或许和性格有关，但绝对和后天养成有直接关系。有意识地去关注一些大事，有意识地开阔自己的视野，拓宽自己的格局，让自己的心去追逐更远大更高尚的目标，久而久之，渐渐地就会悟出这样一个大道理：天下之大有那么多的知识要学，有那么多的事情要做，哪还顾得上为一点点芝麻绿豆伤脑筋？为点蝇头小账计较？为个人的鸡毛蒜皮纠缠不休？

要让心胸开阔，你就得学会恬淡和从容，生活像支曲子，时而高亢，时而低沉；生活是爬山，有上坡，也有下坡，所以，在顺心的日子里，你要保持那份恬淡，不得意忘形，忘乎所以，在不顺心时，也要执著一份从容。

要心胸开阔，你还得学会遗忘。凡事都放入你心灵的筛子里过滤一遍，真实的、美好的、能激励自己前进的、能让自己生活多些乐趣的，就把它留下来，铭记在心里，否则就统统丢去，忘却它。如果沉溺于其中，人就变成了柳宗元笔下的蝜蝂，只知道负重，不懂得放下。

雨果曾说：比陆地宽广的是海洋，比海洋宽广的是天空，比天空宽广的是人的胸怀。如果我们心里能容得下山，容得下海，容得下天和地，那么我们怎么还就容不下小小的人？怎么还就容不下短短人生中的琐琐碎碎？如果我们的心里真能容得下山，容得下海，容得下天地，那么，我们眼前哪还有走不通的路，哪还有过不去的坎儿，哪还有什么“无度不丈夫，量小非君子”的流传？

养宽广胸怀，法古今完人

宽容大度是黏合剂，能容人就是团结各种人，受人拥戴。心胸狭窄，不能容人，结果必是孤家寡人。宽容大度，有利于己，有利于人，更有利于社会。

史家公认唐太宗的文治武功之所以能达到盛唐的高峰，跟他胸怀宽广，放眼长量，能容也善用包括魏征在内的忠诚却非唯唯诺诺的能人有着直接的关系。唐太宗与魏征的关系也因此超越了一般的君臣关系，成为了千古佳话。这印证了孔子所言的“君子和而不同，小人同而不和”之理。

事实上，不独君臣之间的关系如此。

俗话说：“宰相肚里可撑船”，特指身为百官之首的宰相必须能团结百官，搞好内部建设，抗御外来侵略。宰相缺此胸怀，常怀

"非我族类，其心必异"之想，一味党同伐异，就没有成为贤相的基础。

战国时代的蔺相如之所以能一味忍让廉颇的挑衅，就是为了保持将相的和睦，不让秦国趁机侵略赵国，正因蔺相如不失相国的胸怀，深受感化的廉颇"负荆请罪"才成为了千古美谈。

相反，如果一个人的心胸过于狭窄，在遇到不顺心之事、听到不顺耳的话语时，就怒不可遏，见到强于自己者，就萌生那种"最卑劣最堕落的情欲"（培根语）——嫉妒……结果只会危害了事业，又极大地伤及了嫉妒者自身的元气与身心。

《三国演义》中的周瑜就是这方面的典型，他年少气盛，虽英才盖世却心胸狭窄，妒才嫉能，屡害诸葛亮而不能如愿，自己却因此而被活活气死，死前还有"既生瑜，何生亮?"的怨愤。想想，又何必?

在这方面，我们想到了屈原。

诚然，屈原是一个道行高洁者，是楚国的忠臣，是伟大的诗人，但他却不可称为一个伟大的政治家。

因为一个伟大的政治家，既应有高瞻远瞩的智慧、审时度势的机智，还应有容人的度量、团结人和用人的策略和技巧，从而增强而不是削弱自己所归属的政治团体的凝聚力。

而屈原恰恰缺了这些，他品性高傲，多愁善感，独来独往，好持瑰节琦行，好作惊世骇俗之语，宣称整个世界都混浊不堪，所有的人都醉得昏昏沉沉，唯有自己才是清白的，唯有自己才是头脑清醒的，唯有自己才是对楚王忠心不二的……这正是他不断地怨天尤人的依据之一。这样，他的这些疏狂意识使他失去了沟通与楚国君臣上下关系的思想前提与人际关系基础，他的政治头脑中甚至缺乏"求大同，存小异"的意识，历史进程也就难以朝他所设想的方向运行。

可以说，屈原的悲剧不仅是道德与政治的冲突所造成的（封建社会的政治往往是不道德的），也是他个人的狭窄心胸和简单的思维定势与社会历史的复杂发展进程相冲突而造成的。确实，他坚持了他的原则，不随波逐流，但却没有一丝一毫的灵活与变通，似乎只有社会历史适应他而没有他适应社会历史的道理。在这种意义上说，他的认识不可称为通情达理，他的人生也不是理想与完美的。鲁迅先生曾把曹雪芹笔下的焦大比喻为“贾府的屈原”（见《言论自由的界限》），我想，这一比喻，并非是在抬高焦大，也不是贬低屈原，而是说他们两人在愚忠、自认唯我独醒等方面几无二致。当然，两人也有不同，即假如焦大“能做文章，我想恐怕也会有一篇《离骚》之类。”换句话来说，屈原的《离骚》，不外是因其愚忠不被楚王赏识所发的文字性诗歌化的高级牢骚罢了。

据此，我们结合对自然的观察，得到了另一个启示：“地之秽者多生物，水之清者常无鱼”，事实的确如此。

按我们的理解，我们在谈人应建树大胸襟时，论及君子当存含垢纳污之量，并不是主张君子可放松自己高洁的道德志向与修养。可以与黑暗势力同流合污，而是指人生一世，应当看到社会的复杂性，应当像大地善于将污垢转化为肥料、进而据此育出新苗一样，注意从各种正反经验中汲取养料来完善自己的人生，应当对“人无完人，金无足赤”的状况有一种清醒的认识与认可，会察人也会容人，会容人也会用人……

人至察则无朋，高深的且不说，类似郑板桥所言的“难得糊涂”，因时因地，也不失为处世之妙法。按《菜根谭》的认识，有大胸襟者，才是大聪明的人，“吕端大事不糊涂”，对于小事也就不会斤斤计较，朦胧处置。反之，太懵懂的人，对小事是洞察在胸，对把握大事却茫然无措。可见，洞察小事乃人之成为懵懂的根源，而对小事模糊朦胧处置，往往正是营造着大聪明的无穷空间。

从这个角度，我们或能更好地理解陆王心学所特别推崇的孟子之言：“先立乎其大者，则其小者不能夺也。此为大人而已矣。”（《孟子·告子上》）

从泛指方面看，历史上曾担当一人之下、千万亿万人之上的宰相职务者，十分有限。但这并不是说，不担当宰相者就不应培植起这种大海般的胸怀。恰恰相反，培植起这种胸怀，有助于人与人之间宽怀相待，有助于个人心胸趋于坦荡，养成宽舒的气象。

即使是在每年一度的端午节，在以纪念屈原作名义的赛龙舟活动中，人们也能感觉到另一种迥异于屈原式思维定势的团体智慧：你我他同处在一条船上，与他船同处一条起跑线前，起跑枪一响，我们不争上游，就会处下风，彼此唯有同舟共济，齐心协力，何暇分孰醉孰醒？冲过终点线了，赢家扛回了奖品——大缸酒加大块肉，然后，大家一醉方休，夫乐如何！输家也不必难受，筹划来年再赛，才是正道，游戏嘛，总是有机会……所以，在怀念之外，用现代意识来看待屈原，屈原的独立人格、自由精神、血肉文字和作为知识分子所有的良知，依然令我们神往不已，这其中蕴涵着维系人类历史与人文精神的命脉。而他的那种狭隘自恋的情结，则是应该抛弃的。毕竟，古今中外，何时何地无小人？无人前人后的是非？为小人为是非而自沉自毁，不值得。

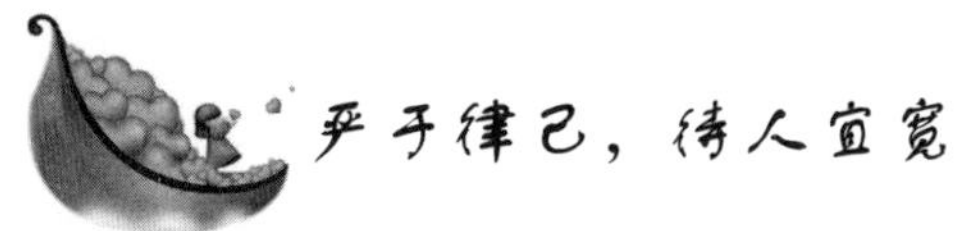

严于律己，待人宜宽

孔子曾经说过："君子求诸己，小人求诸人"。这话的意思就是君子严于律己，让自己的一言一行都符合道德规范，使自己经得起时间与历史的考验。而小人只苛刻要求他人，而对自己却放任自流。在严格要求自己方面，长孙皇后的言行为我们做出了很好的榜样。

明代洪应明说："恕以待人，忍以制怒；待人要宽，律己要严，是一种规范的待人之道。"这种方式的核心是强调自悟。待人所以必须要宽的原因，为的是给人自新的机会。待己所以要严，因为不严会使自己一错再错。一般人都是"以圣人望人，以常人自待"，这种人在任何事情上都无法跟别人合作。假如我们能以责人之心责己，就会减少自己很多过失；以恕己之心恕人，就可以维护人与人之间的良好关系。己所不欲勿施于人，这种推己及人的恕道，是一个人修养品德的根本要诀，遇事应该设身处地为别人着想。这里讲恕人、忍让，是对个人的修德养性而言，因为恕忍不是无原则，过分强调良好的人际关系来提高个人的修养就容易走向事物的反面。

长孙皇后十三岁时与唐太宗成婚，武德元年，被册立为秦王妃。

武德九年六月，册拜为皇太子妃。武德九年八月，太宗即皇帝位，立为皇后。

长孙皇后崇尚节俭，服饰用具，力求简省。太宗经常与长孙皇后谈论朝廷赏罚之事，皇后引用《尚书·牧誓》中的话回答道："'牝鸡之晨，惟家之索。'我是个妇人，岂敢干预国家的政事？"太宗坚持与皇后谈论，皇后终不发一言。皇后的哥哥长孙无忌与太宗皇帝早在少年时期就交往密切，又是辅佐太宗取得成功的元勋，太宗对他十分信任，他经常出入内宫。太宗把朝廷重任委托给他。皇后坚持认为不可，找机会对太宗说："我既已托身紫宫，尊贵已到了极点，实在不愿让我的兄弟子侄在朝廷担任要职。汉朝吕氏、霍氏两家外戚专权，应该引为铭心刻骨的教训，希望本朝不要让我的兄长担任宰相。"太宗没有采纳皇后的意见，终于任命长孙无忌为左武侯大将军、吏部尚书、右仆射。皇后又秘密地让长孙无忌苦苦地请求不担任要职，太宗不得已而答应了长孙无忌的请求，改授予长孙无忌开府仪同三司，皇后才安心愉悦了。

长孙皇后有个异母兄长，名叫长孙安业，好酗酒，而且不务正业。皇后的父亲长孙晟去世的时候，皇后和长孙无忌都还年幼，长孙安业就把他们兄妹俩赶回他们的舅舅高士廉家，皇后对此事毫不介意，时常请太宗厚待长孙安业，长孙安业的官位做到监门将军。后来长孙安业与刘德裕密谋叛乱，太宗将要杀掉长孙安业，长孙皇后叩头流泪为他请命说："长孙安业罪该万死。可是他对我不仁慈的事，天下人都知道，现在若对他处以极刑，人们必定认为我倚仗皇帝的宠幸而报复自己的兄长，这不是有损圣朝的名誉吗？"因此，长孙安业才得以免去死刑。

长孙皇后所生的长乐公主，太宗特别疼爱。到长乐公主将要出嫁时，太宗命令有司，陪送的嫁妆要是长公主的一倍。魏征进谏道："当初汉明帝时，将要封太子，明帝说：'我的儿子怎么能和先帝的儿子同等对待呢？'可是，所谓长公主，确实应该比公主尊贵，感情远近虽有差别，义是没有等级差别的。如果让公主的礼仪超过长公主，恐怕于理不合，请陛下考虑。"太宗回到内宫后，把魏征的话告诉了长孙皇后，皇后叹息道："我曾经听说皇帝十分器重魏征，但一点都不了解其中的缘故。他实在是能用义来制止皇上感情用事，他真称得上国家正直的大臣了。我与皇上是结发的夫妻，深受礼遇，情意深重，可是每当进言时，必定要看皇上脸色行事，尚且不敢轻易冒犯皇上的威严，何况臣下感情比我与您要远，礼节上又有君臣之隔，所以韩非子为此称向君主进言难，东方朔也说向君主进言不容易！忠言虽然逆耳，可是对行事有利。有关国家急务的意见，若采纳，则社会安定，若拒绝，则政局混乱，我诚恳地希望您仔细考虑，则天下人都十分幸运。”于是长孙皇后派内宫太监带着五百匹帛，前往魏征的住宅赏赐给他。

太子李承乾的乳母遂安夫人常对长孙皇后说：“东宫的用具缺少，想奏请皇上、皇后予以添置。”皇后不答应，说道：“作为太子，所担忧的是美德不立、美名不扬，何必计较用具少呢?”贞观八年(公元634年)。长孙皇后陪太宗住在九成宫，不幸染病，且病势沉重，太子李承乾入宫侍奉，秘密启奏皇后道：“医药已经用尽，您的病势仍不见好转，请让我奏请父皇赦免囚犯，并使人入道观，希望能得到上天赐福。”皇后说：“人的死生由命注定，不是人力所给予的。若做善事就能延长寿命，那么我平时从未作恶；若做善事无效，又有什么福可求呢？赦罪是国家的大事，佛教、道教不过是产生于不同地域的宗教罢了，不仅国家政体无此弊端，而且是皇上所不作的，岂能因为我一个妇人而扰乱国家的法令?”听了母后的这番话，太子李承乾不敢向父皇提出这个要求。太子把皇后的话告诉了左仆射房玄龄，房玄龄又把这些话奏闻太宗，太宗和侍臣们听了这些话，无不流泪叹息。朝臣们都请求大赦天下罪犯，太宗答应了朝臣的请求，长孙皇后听说以后，坚决要求撤销赦罪的决定，这个决定才没有实行。

长孙皇后在病危时与太宗诀别。当时，房玄龄因为小的过失触怒了太宗而被免官回家，皇后强撑着病体对太宗说道：“房玄龄侍奉皇上最久，小心谨慎。奇谋秘计，都是他参与策划的，他始终不曾泄露过一个字，他没有什么大的过失，希望您不要抛弃他。另外，我家族之人，侥幸成为皇亲，既然不是因德高望重而被抬举，就容易踏上危险境地，若要永久保全，一定不要让他们把握重权，只以外戚的身份朝见皇上就很幸运了。我在世时，既对国家没有什么益处，死了也不要厚葬。况且所谓葬，就是藏的意思，就是让人们看不见。自古以来的圣人、贤人，都崇尚节俭、薄葬，只有无道的朝代，才大造陵墓，劳民伤财，被有知识的人们嘲笑。我死后只求依山而葬，不起坟墓，不用棺椁，埋葬我所需的物品，都用瓦木造就。俭薄送终，就是对我的怀念。”

贞观十年（公元636年）六月己卯日，长孙皇后在立政殿去世，享年三十六岁。

长孙皇后生前曾撰述古代妇女的善事，刻成十卷，书名叫《女则》，皇后亲自为这部书写了序言。还曾经著论文一篇，批评东汉明帝马皇后，认为她不抑退外戚，使他们当朝掌握重权，却制止他们车水马龙，认为这是开其祸患之源而节其末节之事。并且告诫主管的官员道：“这些文章是我用来约束自己的。妇人的著述没有条理，不想让皇上看到，千万不要对皇上说。”皇后去世后，宫中的官员把这些事奏明太宗，太宗读了以后更加悲痛，把这些书拿给近臣们看，并且说：“皇后此书，足可以流传后代。难道是我不知道天命而不能割断思念之情吗？因为她常能规劝我，补足我的缺漏，如今不能再听到她的善言，这使我失去了一位贤德的助手，令人哀痛啊！”

长孙皇后能严于律己，决不干预朝政，而且严格约束亲兄，力戒外戚专权，这既是为唐王朝的长治久安，也是对长孙家族的保护，因为历史上外戚始而专权，终而遭灭门之祸者并不鲜见：长孙皇后在政治上又不足无所作为，而是适时适度地规谏太宗，为太宗拾遗补漏，使太宗既不因喜以谬赏，又不囚怒而滥刑；长孙皇后又能宽以待人，豁达大度，不计较个人恩怨，而且能以德报怨；长孙皇后虽位极人臣，但崇尚节俭，身前不求奢华，身后更只求薄葬。纵观长孙皇后的立身处世，她不愧是一个深谋远虑的女人。在长孙皇后身上集中了中国妇女的许多传统美德，太宗能成为中国历史上的一代明君，应该说也有着长孙皇后的一份作用。

长孙皇后参加了玄武门之变，深知取得政权的艰难。为强化唐太宗的地位，她采取了严于律己的立身之法，因为皇后的品行，正是皇帝政治作风的体现。皇后的严谨，反映出这个政权的希望。

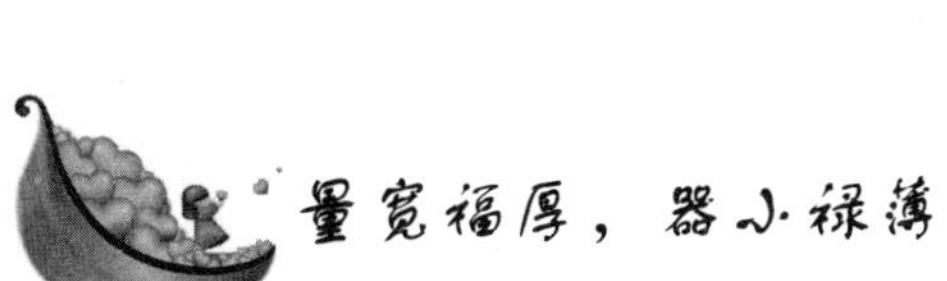

量宽福厚，器小禄薄

《论语》中有这样一段话：子张问仁于孔子，孔子曰："能行五者于天下，为仁矣。""请问之。"曰："恭、宽、信、敏、惠。恭则不侮，宽则得众，信则人任焉，敏则有功，惠则足以使人。"这段话的意思是：子张问孔子怎样做才是仁，孔子说："能在天下实行五种美德，就是仁了。"子张说："请问哪五种。"孔子说："庄重、宽厚、诚信、勤敏、慈惠。庄重就不会招致侮辱，宽厚就能得到众人拥护，诚信就能得到别人的任用，勤敏就能取得成功，慈惠就能很好地使唤人。"孔子又把仁与长寿联系起来，说"知者乐，仁者寿"。我们不知道这段话是否有科学根据，但从现实经验来看，我们看到现实中有仁德的人有些确实活得比较长寿。

心地仁慈博爱的人，由于胸怀宽阔舒畅，所以能享受丰厚的福禄而且长久，事事都有宽宏大量的气度；反之心胸狭窄的人，由于眼光短浅思维狭隘，以致所得到的利禄是短暂的，落得凡事只顾到眼前而临事紧迫的局面。

荀子说，有涵养的人，在心志宽广时，就敬重天道，遵循常规；在心志狭窄时，就敬畏礼法，自守节操。智虑所及，就精明通达事理，触类旁通；有智慧闭塞时，就老实诚恳地遵守礼法。当被重用时，就恭敬处事，不轻举妄动；不被重用时，就肃敬庄重。心情愉快时，就和颜悦色地办事；心情忧虑时，就静待而守理。地位显赫时，就有文雅的话语阐明事理；处境贫困时，就用含蓄简单的话语阐明事理。没有涵养的人就不是这样，他心志宽广时，就傲慢粗暴；他心志狭窄失意之时，就奸邪倾轧。智虑所及，就掠夺欺诈；在智慧闭塞时，就陷害他人，胡作非为。被重用时，就逢迎巴结，傲慢不逊；不被重用时，就怨天尤人，阴谋活动。心情愉快时，就轻浮飘忽；心情忧虑时，就垂头丧气，胆小怕事。地位显达时，就骄傲偏激，不可一世；处境穷困时，就自暴自弃，颓唐没落。

从历史上来看，高允也许是一个比较好的例子。

北魏有位高龄的大臣名叫高允，历仕世祖、恭宗、高宗、显祖、高祖五位帝王，享年九十八岁。他在世时声名显赫，位高权重，但能洁身自好，为官清廉公正，一生推行仁德，一言一行严格按照“恭、宽、信、敏、惠”来要求自己，为人所敬重。

世祖太武帝三年（公元430年），世祖的舅舅阳平杜超为征南大将军，镇守邺城，高允在其手下做从事中郎。时值春日，而各州的囚徒很多都还没有判决定案，杜超上表推荐高允与中郎吕熙等人分别去各州督察，与地方官共同处理案件。吕熙等人都因贪赃枉法获罪，唯独高允廉洁公正，受到褒奖。

高允在世常对人说：“我在中书任职时积有阴德，济困救命，若有阳报的话，我该年寿过百。”高允寿高是实，他济困救命也非妄言自夸。

当初，尚书窦谨因罪被诛，窦谨之子窦遵逃到泽中去避祸，窦遵的母亲焦氏也被收执入官，后焦氏因年老被宽免释放，而窦谨的亲朋好友无一人出面帮助照料焦氏。高允知道焦氏生计无着，度日艰难，且年老孤寡，形单影只，顿生恻隐之心，便主动将焦氏接到家中照顾，直至六年后，窦遵被赦免回来侍奉老母。

太武年间，因诉讼案件积压不能及时处理，朝廷开始让中书省以经义为据判决种种疑难案件，高允严格按照律令评判定案。二十余年来，朝内朝外的人都称赞他判案公允准确，处置得当。高允判案时非常谨慎，他深知诉讼要案人命关天，责任重大，岂能轻率定夺，随意行事。为此他常慨叹：“皋陶是舜的掌刑重臣，司称有大德之人，其后还发生过英蓼逃亡的事情；刘邦项羽之时，英布犯法黥面而后称王。古代贤良经世虽久，执法虽严，仍难免疏漏，况我等平常之人，哪能没有过错。”可见高允不仅尽职责，而且有自知之明，时时反省自察，唯恐有失误。

有一次，高允应诏去西郊，高祖派人用自己的马车接他到西郊宫殿，不料中途驾马受惊，突然狂奔不止，车子倾翻倒地，高允被摔出车外，眼眉三处带伤。听到高允车翻人伤的消息，高祖与文明太后急忙派遣太医前去疗治，探望慰问。车祸发生以后，车夫万分恐惧，知道闯下大祸，会受到极重的处罚，甚至可能因此送了性命。高允却告诉高祖及太后，说自己安然无恙，请求宽免车夫，不再治罪。

此前也曾发生过类似的事情。一日，高祖命中黄门苏兴寿护送高允，当日大雪铺地，他们行路格外小心。走到半路，一只狗突然窜翻。高允毫无准备，一惊就摔倒在雪地上。朝中上下，都知高允德高望重，最为当今圣上宠信和敬重，社稷大臣若有差错，非同小可。搀扶的人惊恐万状，以为此次必受重惩。高允非常大度宽和，不但不加责备，反而，好言好语劝慰，把此事隐瞒不报，使苏兴寿等感激涕零。

当初，显祖平定青（今山东东北临淄、益都一带）齐（今山东历城）二地，将名门大族迁徙到代地（今山西大同）。这些人倍经磨难，历尽艰辛才到达代地，大多饥寒交迫，处境艰难。被迁徙的人中，有很多与高允有姻亲关系，高允都徒步上门拜访，慷慨大方，竭尽自己的家产财物周济帮助这些亲戚，慰问照顾，非常周到热情，人人都感念他的仁慈宽厚。不仅如此，他还从中选拔有才能的人，亲自上表推荐，择优录用。当时有人非议，认为这些人刚刚归附，不宜等同使用，高允坚持说，应任人唯才是举，不该压抑人才。

高允为人极有修养，性情谦和，容貌庄重，喜怒不形于色，中黄门苏兴寿曾说，与高允共事三载，从未见他发怒。高允待人，循循善诱，诲人不倦，昼夜手不释卷，吟咏诗歌，遍览群书。喜好音乐，每见伶人弦歌起舞，常击节应和。又对亲朋故友情深意厚，虚己待人。虽然地位尊贵，却要求自己同平常人一样，清贫自守，不分贵贱尊卑。可以说他是一个非常具有仁德的人。

俗话说：善有善报，恶有恶报。行仁德的人能够长寿，这也许是一种佐证！

第四章　自强不息是人生最美丽的风景

开发自己的潜能，靠自强的力量，实现自己大大小小的梦想，别人、任何人都可能会对你失约。

自强激发潜能

自己的责任需要自己来承担，我们不仅有逃避的双脚，我们还有承担责任的双肩。开发自己的潜能，靠自己的力量，实现自己大大小小的梦想，别人、任何人都可能会对你失约。

如果你想知道什么叫做责任。实践、磨炼是最好不过的生动教材。

1920 年，有个 11 岁的美国男孩踢足球时，不小心打碎了邻居家的玻璃。邻居向他索赔 12.5 美元。在当时，12.5 美元是笔不小的数目，足足可以买 125 只生蛋的母鸡。闯了大祸的男孩向父亲承认了错误，父亲让他对自己的过失负责。男孩说："我哪有那么多钱赔人家?"父亲拿出 12.5 美元说："这钱可以借给你，但一年后要还我。"从此，男孩开始了艰苦的打工生活。经过半年的努力，终于挣够了 12.5 美元这一"天文数字"，还给了父亲。

这男孩就是日后成为美国总统的罗纳德·里根。他在回忆这件事时说，通过自己的劳动来承担过失，使我懂得了什么叫责任。

自己的责任需要自己来承担，我们不仅有逃避的双脚，我们还有承担责任的双肩。

潜能激励专家曾经说过这样一句话："在开发潜能时，没有人会带你去钓鱼。"

魏特利有幸在年少时，便学会了自立自强。他父亲在二次世界大战时身在国外，当他 9 岁时，在圣地亚哥附近，有一个陆军制炮兵团，驻扎的士兵和他成了好友，以消磨无聊的闲暇时间。他们会送魏特利一些军中纪念品，像陆军伪装钢盔、背带及军用水壶，魏特利则以糖果、杂志，或邀请他们来家中吃便饭，作为回赠。

魏特利永难忘怀那一天，他回忆道：

"那天我的一位士兵朋友说：'星期天上午 5 点，我带你到船上钓鱼。'我雀跃不已，高兴地回答：'哇哈！我好想去。我甚至从未

靠近过一艘船，我总是在桥上、防波堤上，或岩石上垂钓。眼看着一艘艘船开往海中，真令人羡慕。我总是梦想，有一天我能在船上钓鱼。噢，太感谢你了。我要告诉我妈妈，下星期六请你过来吃晚饭。'"

"周六晚上我兴奋地和衣上床，为了确保不会迟到，还穿着网球鞋。我在床上无法入眠，幻想着海中的石斑鱼和梭鱼在天花板上游来游去。清晨3点，我爬出卧房窗口，备好渔具箱，另外还带着备用的鱼钩及鱼线，将钓竿上的轴上好油。带了两份花生酱和果酱三明治。四点整，我就准备出发了。钓竿、渔具箱、午餐及满腔热情，一切就绪——坐在我家门外的路边，摸黑等待着我的士兵朋友出现。"

"但他失约了。"

"那可能就是我一生中，学会要自立自强的关键时刻。"

"我没有因此对人的真诚产生怀疑或自怨自艾，也没有爬回床上生闷气或懊恼不已，向母亲、兄弟姊妹及朋友诉苦，说那家伙没来，失约了。相反，我跑到附近汽车戏院空地上的售货摊，花光我帮人除草所赚的钱，买了那艘上星期在那儿看过、补缀过的单人橡胶救生艇。近午时分，我才将橡皮艇吹满气，我把它顶在头上，里头放着钓鱼的用具，活像个原始狩猎队。我摇着桨，滑入水中，假装我将启动一艘豪华大油轮，航向海洋。我得到一些鱼，享受了我的三明治，用军用水壶喝了些果汁，这是我一生中最美妙的日子之一。那真是生命中的一大高潮。"

魏特利经常回忆那天的光景，沉思所学到的经验，即使是在9岁那样稚嫩的年纪，他也学到了宝贵的一课："首先学到的是，只要鱼儿上钩，世上便没有任何值得烦心的事了。而那天下午，鱼儿的确上钩了。其次，士兵朋友教给我了，光有好的意图并不够。士兵朋友要带我去，也想着要带我去，但他并未赴约。"

然而对魏特利而言，那天去钓鱼，却是他最大的希望，他立即着手设定计划，使愿望成真。魏特利极有可能被失望的情绪所击溃，也极可能只是回家自我安慰："你想去钓鱼，但那阿兵哥没来，这就算了吧。"相反，他心中有个声音告诉他：仅有欲望不足以得胜，我要立刻行动，要自立自强，自己开发属于自己的那一片沃土——潜能。

开发自己的潜能，靠自强的力量，实现自己大大小小的梦想，别人——任何人都可能会对你失约。

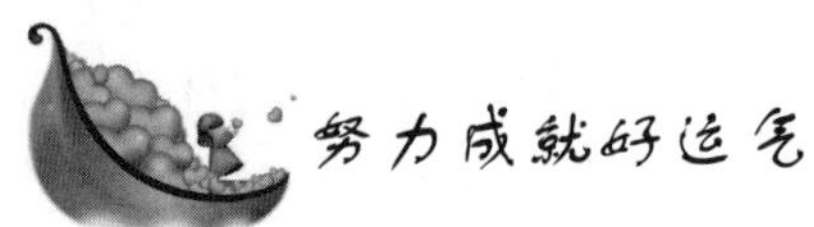

努力成就好运气

经济萧条时期，钱很难赚。一名有孝心的小男孩，实在看不下去父母起早贪黑地工作却仍然无法供养整个家庭的温饱，所以偷偷溜到大街上想找个工作。他的运气还算不错，真的有一家商铺想招一个小店员。小男孩就跑去试。结果，跟他一样，共有七个小男孩都想在这里碰碰运气。

店主说："你们都非常棒，但遗憾的是我只能要你们其中的一个。我们不如来个小小的比赛，谁最终胜出了，谁就留下来。"

这样的方式不但公平，而且有趣，小家伙们当然都同意。

店主说："我在这里立一根细钢管，在距钢管 2 米的地方画一条线，你们都站在线外面，然后用小玻璃球投掷钢管，每人 10 次机会，谁掷准的次数多，谁就胜了。"

结果天黑前谁也没有掷准一次，店主只好决定明天继续比赛。

第二天，只来了三个小男孩。店主说："恭喜你们，你们已经成功地淘汰了四个竞争对手。现在比赛将在你们三个人中间进行，规则不变，祝你们好运。"

前两个小男孩很快掷完了，其中一个还掷准了一次钢管。

轮到这名有孝心的小男孩了。他不慌不忙走到线跟前，瞅准立在 2 米外的钢管，将玻璃球一颗一颗地投掷出去。

他一共掷准了七下。

店主和另两个小男孩十分惊诧：这种几乎完全靠运气的游戏，好运气为什么会一连在他头上降临七次？

店主说："恭喜你，小伙子，最后的胜者当然是你。可是你能告诉我，你胜出的诀窍是什么吗?”

小男孩眨了眨眼睛说：“这比赛是完全靠运气的。为了赢得这运气，昨天我一晚上没睡觉，我一直在练习投掷。”

一个人的好运气并不是上天赐予的，而是自己的努力得来的。只要你肯付出，你就会有所收获；只要你比别人更努力，好运气自然也就会降临。

态度决定高度

人不一定做生活中最优秀的那一个，但一定要是坐在最前排的一个。

一位哲人说过：无论做什么事情，态度决定高度。撒切尔夫人的父亲对孩子“永远坐前排”的教育给了我们深刻启示：把理想变成行动。

20 世纪 30 年代，英国一个不出名的小镇里，有一个叫玛格丽特的小姑娘，自小就受到严格的家庭教育。父亲经常向她灌输这样的观点：无论做什么都要事事争一流，永远做在别人前面，不能落后于人。“即使是坐公共汽车，你也要永远坐在前排。”父亲从来不允许她说“我不能”。

对孩子来说，父亲的要求可能太高了，但他的教育在以后的年代里被证明是非常宝贵的。正因为从小受到父亲这种“残酷”的教育，玛格丽特才培养了积极向上的决心和信心。在以后的学习、生活或工作中，她时时牢记父亲的教导，总是抱着一往无前的精神和必胜的信念，尽自己最大努力，做好每一件事情，以自己的行动实践着“永远坐在前排”的教导。

“永远坐前排”是一种积极的人生态度，激发你一往无前的勇气和争创一流的精神。在这个世界上，想坐前排的人不少，真正能够坐在“前排”的却总是不多。许多人所以不能坐到“前排”，就是因为他们把“永远坐前排”仅仅当成一种人生理想，而没有采取具

体行动。那些最终坐到“前排”的人，所以成功，是因为他们不但有理想，而且更重要的是他们把理想变成了行动。

永远坐在最前面的人，也许不会十分优秀，但是他们会时时刻刻想着去超越。他们不甘于只做能力范围之内的事情，他们会找一些途径来培养自己新的能力。如果我们只做那些我们能力范围以内的事，我们将陷入平庸。发现极限的方法只有一个，就是超越它。

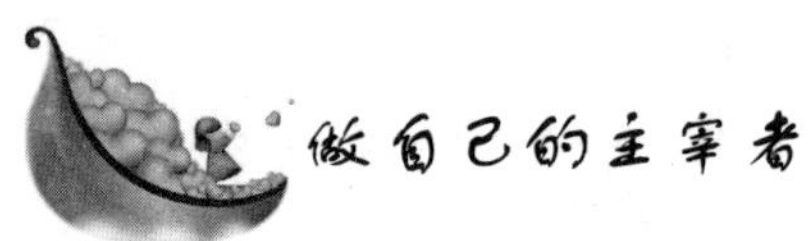

做自己的主宰者

你不是宇宙的主宰，但你是自己的主宰。

你已经认识了你自己，深刻地了解了你自己，你就应该喜欢你自己，接纳自己的一切，进而将自己最好的一面呈现出来。你就是你，世上不会有第二个你。只要你够坦然地说：“我就是这样的人。”这就够好了。然后掌握好自己，发挥好自己，做自己的主宰。

弗洛伊德·威廉斯12年来一直担任位于北卡罗来纳州的SAS研究所的中心主任。他曾说过：“在我们这里只有一个规则，那就是例外。”他本人是一位资深的IT专业人才，12年前从另一家公司跳到该公司。

“我为什么离职？在很多其他的公司里，我只不过是一个号码。”这是他2001年1月接受美国《财富》杂志采访时所说的话。该杂志每年都要公布一份“美国最适宜工作的100家公司”的问卷调查报告。在报告中你会发现，像西北航空、思科这样的一些企业经常排在20名以后。其实，比排名更重要的是原因，为什么人们不喜欢在这些公司工作呢？

一个SAS公司员工的回答是最好的诠释：“在这里我是一个完整的个体，领导重视我的个人感受和需求。”

你看到了，做自己的主宰，是一个新趋势。在西方社会，做自己的主宰已经是至高无上的价值观。

许多人会主动改善自己所处的环境，却没有想到要完善自我，于是他们的环境仍然没有改变。那些勇于接受命运考验的人，总是做自己思想和行动的主宰，从而实现自己心中的目标，这个道理放之四海而皆准。正像歌德所说："谁要游戏人生，他就一事无成，谁不能主宰自己，永远是一个奴隶。"做自己的主人吧。

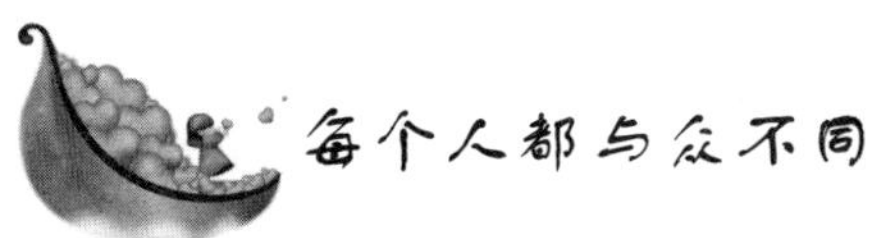

每个人都与众不同

我们每个人都是世界上的唯一，如果有谁太在乎别人的评论而改变自我，或因心中崇拜别人而追着偶像的影子走，那是件最可笑的事。记住黑格尔的那句名言吧："存在的即是合理的。"别受他人左右，活出你自己。

安其罗·派翠曾写过 13 本著作及数以千计的文章，专门探讨儿童心理训练。他说："最糟糕的心理毛病莫过于打从心底想成为另一个人。"但是这种意念在好莱坞演艺圈内，却非常普遍。近代的山姆·伍德（好莱坞早期的一位名导演）曾经说过，在教导新演员拍戏的时候，让他感到最头痛的问题莫过于如何使他们表现出自己的风格。演员们一心只想成为第二个拉娜·透娜或是克拉克·盖博，可是观众的口味不断地在变，他们要的是新偶像。山姆·伍德在当导演时期，曾花费数年的时间去经营不动产买卖，其间也著有行销方面的论述，他以应用于演艺界的同一理念来陈述，他说："你不可能变成一只猩猩，也不可能变成一只鹦鹉，经验告诉我，如果你有想成为另一个人的念头时，最好马上抛弃它。"

一位电车服务员的女儿终于了解到"坚持自我"的真谛。她渴望成为歌星，但是，她那天生一张大嘴的脸，配上一口龅牙，是她最不幸的特征。当她第一次在夜总会演唱的时候，她千方百计想用她的上唇去遮掩她的牙齿，希望观众不会注意她的缺陷而去专心欣赏她的歌声，结果适得其反，让人感到滑稽可笑，使自己失去表演的机会。

当时现场的一位观众觉得她很有歌唱的才华，他很率直地告诉

她说："刚才我一直在专心观赏你的歌唱表演，我看得出来你想掩饰的是什么，你害怕别人注意到你的龅牙，对不对？"听到这里，这个女孩感到无地自容，接着他继续说："那又怎样呢？难道龅牙是什么不得了的羞耻吗？不必刻意地掩饰它，放开点，自自然然地张开你的嘴巴，尽情把你歌唱的才华表现出来。"他斩钉截铁地说："更何况，你的牙齿很可能会带给你意想不到的幸运喔。"这个女孩就是凯茜·桃莉，她接受了他的忠告，从那时起，每当她在唱歌的时候，她就尽情地把嘴张开，把她那令人欢愉的优美歌声唱出来，终于，她成为一位在电影及广播界享有盛名的双栖红星。直到今天，还有许多喜剧演员，以模仿她唱歌的模样来娱乐观众。

著名学者威廉·詹姆斯在一篇谈论"自我"的文章中指出："在人的一生当中，通常仅仅发挥了他潜在能力的1/10。人如果与他潜在的'自我'来比较的话，只可算是个半醒的人罢了，因为，通常来说他仅将他的潜能发挥了一小部分，而一个人的能力极限远超过他所表现在外的，但是，我们却没有好好地利用它。你我都有这种潜能，我们实在不应该因为自己不像某人就感到忧虑，应该积极地去塑造自己的新生，不论是过去或将来，世上都不可能有和你一模一样的人。"

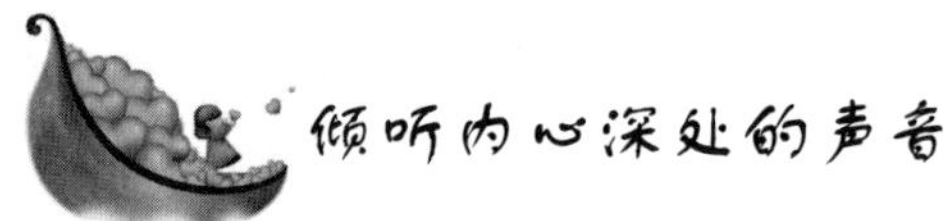

倾听内心深处的声音

只有听从自己内心呼唤的人，才能真正从自己的职业生涯中找到快乐。

我们所处的这个时代是进步的时代，是喧嚣的时代，也是一个浮躁的时代。浮躁的内心在全球经济一体化的大潮中，有些无所适从。很多人不能听从自己内心的呼唤，盲目地选择，或者被动地选择。当被裹挟着进入某一行业后，才知道日复一日的枯燥生活是多么难耐，于是开始抱怨着自己不喜欢的工作。

你可以想象得出，在这样的心态下进行工作，结局基本上都不会是圆满的。要么压抑自己，按部就班地工作，挨到退休，但要为此付出惨重的代价，那就是一辈子做自己不喜欢的事情；要么浑浑噩噩，不怎么投入工作，由于工作业绩太差而首批被淘汰出局，然后慨叹惋惜。

2001 年 5 月，美国内华达州的麦迪逊中学在入学考试时出了这么一个题目：比尔·盖茨的办公桌上有 5 只带锁的抽屉，分别贴着财富、兴趣、幸福、荣誉、成功 5 个标签；盖茨总是只带一把钥匙，而把其他的 4 把锁在抽屉里，请问盖茨带的是哪一把钥匙？其他的 4 把锁在哪一只或哪几只抽屉里？一位刚移民美国的中国学生，恰巧赶上这场考试，看到这个题目后，一下慌了手脚，因为他不知道它到底是一道语文题还是一道数学题。考试结束，他去问他的担保人——该校的一名理事。理事告诉他，那是一道智能测试题，内容不在书本上，也没有标准答案，每个人都可根据自己的理解自由地回答，但是老师有权根据他的观点给一个分数。

中国学生在这道 9 分的题上得了 5 分。老师认为，他没答一个字，至少说明他是诚实的，凭这一点应该给一半以上的分数。让他不能理解的是，他的同桌回答了这个题目，却仅得了 1 分。同桌的答案是，盖茨带的是财富抽屉上的钥匙，其他的钥匙都锁在这只抽屉里。

后来，这道题通过电子邮件被发回国内。这位学生在邮件中对同学说，现在我已知道盖茨带的是哪一把钥匙，凡是回答这把钥匙的，都得到了这位大富豪的肯定和赞赏，你们是否愿意测试一下，说不定从中还会得到一些启发。

同学们到底给出了多少种答案，我们不得而知。但是，据说有一位聪明的同学登上了美国麦迪逊中学的网页，他在该网页上发出了比尔·盖茨给该校的回函。函件上写着这么一句话：在你最感兴趣的事物上，隐藏着你人生的秘密。

成功者的主要快乐源泉之一是有自己的使命，为了自己的使命而工作就意味着真正地生活。个人使命来自内心的呼唤，它是你生存的本质和理由。每个人都能发现自己生活的最初目标，而你的个人使命却可能体现在你的职业中，虽然它不一定非得和你的工作联系在一起。你可以在做义工中、在消遣与爱好以及休闲活动中体现你的个人使命。你发自内心的呼唤可以通过生活的各个方面得以传达，它们包括你的兴趣、你的工作和休闲活动。

温哥华的修女贝思·安·狄龙，就是通过自己最喜欢的篮球运动来体现她的个人使命的。她过着简单的生活，摆脱了物欲的困扰，但是她过得很快乐。自从狄龙爱上了篮球，她就在一所小学做义工，教孩子们打篮球。是篮球运动本身增加了她的快乐，帮助她实现了个人使命。

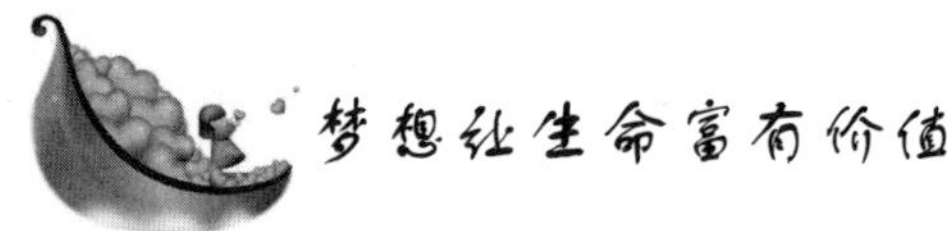

梦想让生命富有价值

“没有默示，民就放肆。”“想到才能做到。”梦想是成功所必需的。有些东西你是否拥有都无关紧要，但有一件东西你必须拥有，那就是梦想。所有成功者的共性是什么呢？就是梦想的能力。梦想的能力使你能看到尚未成为现实的事物，看到实现它们的可能性，能够梦想，就能够发展出面向未来的眼光。

如果你没有梦想，那还谈何梦想成真？因此，你必须有一个梦想。

廉·丹佛在《向你挑战》一书中写道：“梦想，促使人生富有价值。”梦想是把人类从卑贱中释放出来，把人类从平凡中提升出来的一种动力。现在的一切，只是过去各时代的梦想的总和，过去各时代的梦想实现的结果。没有梦想者，没有寻梦人，美国也许至今仍是一片未开垦的土地。世界上最有价值、最有用处的人，就是那些“能够远远看见将来，预先瞻望到未来人类必能从今日所有的种种束缚、桎梏、迷信中释放出来，能够预见到事情的当然，同时也有能力去实现它的人。梦想者永远是那些能够成就“似乎绝对不能成就”事业的人。

现实生活中，在各界取得巨大成功的人总是那些梦想者。如工业巨子、商业领袖等大都是想象力很丰富的人。他们对工业、商业

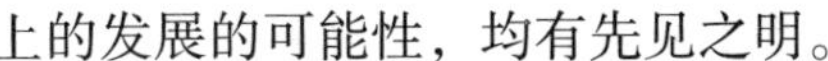

上的发展的可能性，均有先见之明。

常常将自己从一切烦恼痛苦的环境中挣脱出来，沉浸于和谐、美、真的空气中，这种能力真是无价之宝，假使我们梦想的能力被夺去，恐怕我们中间再没有人能有勇气、有耐心继续战斗下去了。

约翰·华纳马克原本是费城一家零售店的店员，他也是一个很好的例子，他很早就下定决心，有朝一日要自己开店。他把这个想法告诉老板，老板笑他说：“天啊！约翰，你的钱还不够买一套西装哪。”

“没错，”华纳马克说，“我还是要开一家和你一样，甚至更大的店。我一定会做到。”在华纳马克事业最顶峰时，他拥有全国规模最大的零售店。

“我没有读过什么书，”几年以后，华纳马克说，“但是我不断地充实必需的知识，就像火车头一样，一边走一边加水。”

记住，一个人只要敢于大胆梦想，并对自己的信念坚定不移，就没有做不到的事情。

善于梦想的力量是人类神圣的遗传。只要你相信你的事业定会成功，一个美好的明天定会到来，那么，创业的艰辛和今天的痛苦对你来说就不算什么。但是应该注意，有了梦想同时还须努力实现。只有梦想而不去努力，徒有愿望而不能拿出力量来实现愿望，那是不能成事的。只有实际的梦想，加上坚韧的工作，才有用处，才能开花结果。

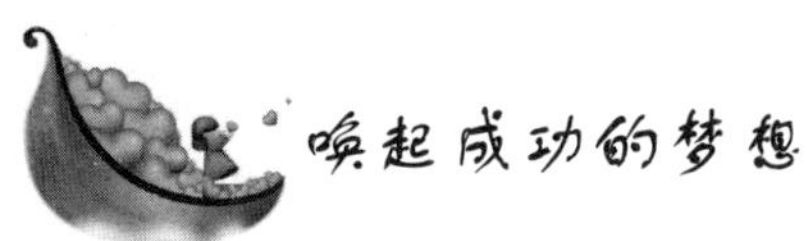

唤起成功的梦想

欲望，是指人所有行为的动因，所有由于人天生的生理本能所产生的渴望、需要和冲动，都称之为“欲望”。或者说，促使人行动的内在驱动因素都是欲望。

欲望是一种野性的呼唤与回归，也是希望的覆灭与再生。人人心中都怀有希望，也都怀有欲望，现在欲望已不是一个贬义词，这

个词已经具有了理想与行动的双重意义。

欲望是生命的动因，因为生命的本质在于生存和延续，而欲望是生命生存和延续的必要条件，是生命的本质属性。

人的需要和欲望，是发展和解决贫困的动力。强烈的欲望，使人施展全部的力量，尽力地超越自我。欲望可以使一个人的力量发挥到极致，排除所有的障碍以达到自己的需求。

欲望是创业者的第一素质，这样说你是不是觉得很奇怪？创业者的欲望，实际就是一种生活目标，一种人生理想。创业者的欲望与普通人的欲望不同之处在于，他们的欲望往往超出他们的现实，往往需要打破他们眼前的樊笼，才能够实现。所以，创业者的欲望往往伴随着行动力和牺牲精神。

美国人约翰·富勒的故事就是一个典型的例子。

约翰·富勒姊妹 7 人，他从 5 岁就开始工作。他刚懂事的时候，母亲和他说："我们不应该这么穷下去，这不是上帝的旨意。我们贫穷主要是因为你爸爸从来没有变得富有的欲望。"这些话在约翰·富勒幼小的心灵深处扎了根，他一心想改变家里的现状，想变得富有起来，并且开始努力为之奋斗。10 年后，约翰·富勒接手一家被拍卖的公司，并且还陆续收购了 7 家公司，他真的成了富人。

约翰·富勒成功的秘诀在哪里？他这样总结："我们家里很穷，但那是因为我父亲从来没有变得富有的欲望。但我不同，我有强烈的变富的欲望。虽然我不是富人的后代，但我可以成为富人的祖先。"

你是否有改变自己的强烈欲望？你为什么总是离成功那么遥远？那是因为你没有成功的强烈的欲望。因为你的欲望有多么强烈，就能爆发出多大的力量，当你有强烈的欲望去改变自己的时候，所有的困难、挫折、阻挠都会为你让路。

找到你自己的驱动力吧，你可以想象欲望对一个人的推动作用有多大。

我们常说：一个人的梦想有多大，他的事业就会有多大。所谓梦想，不过是欲望的别名而已。因为欲望，而不甘心，而行动，而成功，这是大多数成功者走过的共同道路。欲望是创业的最大推动力。一个真正的创业者一定是一个有着强烈成功欲望的人。

你也完全可以挖掘生命中巨大的能量，激发你成功的欲望，因为欲望就是力量，是你成功最有力的助推器。

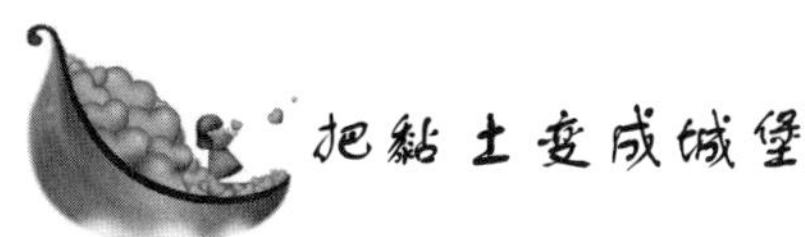

把黏土变成城堡

今天我要加倍重视自己的价值。桑叶在天才的手中能变成丝绸。黏土在天才的手中能变成堡垒。柏树在天才的手中能变成殿堂。羊毛在天才的手中能变成衣服。

如果桑叶、黏土、柏树、羊毛经过人的创造，可以成百上千倍地提高自身的价值，那么我为什么不能使自己变得身价百倍呢?

我们的命运如同一颗麦粒，有着三种不同的道路。一颗麦粒可能被装进麻袋，堆在货架上，等着喂猪；也可能被磨成面粉，做成面包；还可能撒在土壤里，让它生长，直到金黄色的麦穗上结出成千上万颗麦粒。

我和一颗麦粒唯一的不同在于：麦粒无法选择是变得腐烂还是做成面包，或是种植生长。而我有选择的自由，我不会让生命腐烂，也不会让它在失败、绝望的磨石下磨碎，任人摆布。

要想让麦粒生长、结实，必须把它种植在黑暗的泥土中，我的失败、失望、无知、无能便是那黑暗的泥土，我须深深地扎在泥土中等待成熟。麦粒在阳光雨露的哺育下，终将发芽、开花、结果。同样，我也要健全自己的身体和心灵，以实现自己的梦想。麦粒须等待大自然的契机方能成熟，我却无须等待，因为我有选择自己命运的能力。

怎样才能做到呢?首先，我要为每一天、每个星期、每个月、每一年，甚至我的一生确立目标。正像种子需要雨水的滋润才能破土而出，发芽长叶，我的生命也须有目标方能结出硕果。在制定目标的时候，不妨参考过去最好的成绩，使其发扬光大。这必须成为我未来生活的目标。永远不要担心目标过高。取法乎上，得其中也；

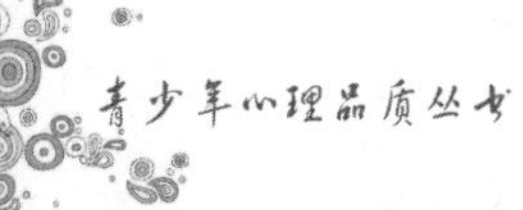

取法乎中，得其下也。

高远的目标不会让我望而生畏，虽然在达到目标以前可能屡受挫折。摔倒了，再爬起来，我不灰心，因为每个人在抵达目标前都会受到挫折。只有小爬虫不必担心摔倒。我不是小爬虫，不是洋葱，不是绵羊，我是一个人。让别人用他们的黏土造洞穴吧，我要造一座城堡。

太阳温暖大地，麦粒吐穗。这些羊皮卷上的话也会照耀我的生活，使梦想成真。今天我要超越昨日的成就，我要竭尽全力攀登今天的高峰，明天更上一层楼。超越别人并不重要，超越自己才是最重要的。

春风吹熟了麦穗，风声也将我的声音吹往那些愿意聆听者的耳畔。我要宣告我的目标，君子一言，驷马难追，我要成为自己的预言家。虽然大家可能嘲笑我的言辞，但会倾听我的计划，了解我的梦想，因此我无处可逃，直到兑现了诺言。

一颗麦粒增加数倍以后，可以变成数千株麦苗，再把这些麦苗增加数倍，如此数十次，它们可以供养世上所有的城市。难道我不如一颗麦粒吗？

当我完成这件事，我要再接再厉。当羊皮卷上的话在我身上实现时，世人会惊叹我的伟大。

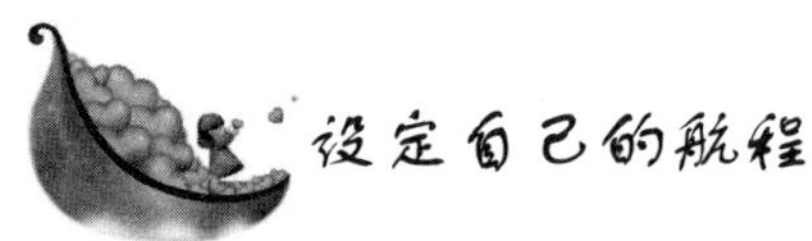

设定自己的航程

1940 年 11 月，他出生在美国三藩市，英文名字叫布鲁斯·李。因为父亲是演员，他从小就有了跑龙套的机会，于是很早就产生了当一名演员的梦想。可由于身体虚弱，父亲让他拜师习武来强身。1961 年，他考入华盛顿州立大学主修哲学，后来，他像所有正常人一样结婚生子。但在他内心深处，时刻也不曾放弃当一名演员的梦想。

一天，他与一位朋友谈到梦想时，随手在一张便笺上写下了自

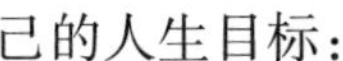

己的人生目标：

“我，布鲁斯·李，将会成为全国薪酬最高的超级巨星。作为回报，我将奉献出最激动人心、最具震撼力的演出。从 1970 年开始，我将会赢得世界性的声誉。到 1980 年，我将会拥有 1000 万美元的财富，那时候我及家人将会过上愉快、和谐、幸福的生活。”

写下这张便笺的时候，他的生活正穷困潦倒，不难想象，如果这张便笺被别人看到，会引起什么样的嘲笑。

然而，他却把这些话深深铭刻在了心底。为实现梦想，他克服了无数个常人难以想象的困难。比如，他曾因脊背神经受伤，在床上躺了 4 个月，但后来他却奇迹般地站了起来。

1971 年，命运女神终于向他露出了微笑。他主演的《猛龙过江》等几部电影都刷新了香港票房纪录。1972 年，他上演了香港嘉禾公司与美国华纳公司合作的《龙争虎斗》，这部电影使他成为一名国际巨星——被誉为“功夫之王”。1998 年，美国《时代》周刊将其评为“20 世纪英雄偶像”之一，他是唯一入选的华人。

他就是李小龙，一个“最被欧洲人认识的亚洲人”，一个迄今为止在世界上享誉最高的华人明星。

1973 年 7 月，事业刚步入巅峰的他因病逝世。在美国加州举行的李小龙遗物拍卖会上，这张便笺被一位收藏家以 2.9 万美元的高价买走，同时，2000 份获准合法复印的副本也当即被抢购一空。

忠诚体现自己的价值

忠诚能够体现个人的价值。对于每一个人来说，忠诚就是忠诚于自己的事业，就是以不同的方式为一种事业做出贡献。在组织中，忠诚表现在工作主动、责任心强、细致周到地体察上司的意图，同时忠诚是不以此种表现作为寻求回报的筹码。但是在个人忘我的工作中，价值会得到最大的体现。

下级对上级的忠诚，可以增强上级的成就感和自信心，可以增

强团队的竞争力，使组织更兴旺发达。这就是许多决策者在用人的时候，要考察其能力，但更看重个人忠诚度的原因。一个忠诚的人十分难得，一个既忠诚又有能力的人更是难求。忠诚的人无论能力大小，决策者都会给予重用，这样的人走到哪里都有扇大门向他们敞开。相反，能力再强，如果缺乏忠诚，也往往被人拒之门外。毕竟在人生事业中，需要用智慧来做出决策的大事实在是太少，需要用行动来落实的小事相比较而言太多。也许少数人需要智慧加勤奋，但是多数人绝对需要忠诚加勤奋。

从前在美国标准石油公司里，有一位小职员叫阿基勃特。他在远行住旅馆的时候，总是在自己签名的下方，写上“每桶 4 美元的标准石油”字样。在书信及收据上也不例外。只要签名，就一定写上那几个字。日复一日，年复一年，他因此被同事叫做“每桶 4 美元”，而他的真名倒没有人叫。公司董事长洛克菲勒知道这件事后说：“竟有职员如此努力宣扬公司的声誉，我要见一见他。”于是邀请阿基勃特共进晚餐。后来，洛克菲勒卸任，阿基勃特成了第二任董事长。

这是一件谁都可以做到的事，可是只有阿基勃特一个人去做了，而且坚定不移，乐此不疲。嘲笑他的人中，肯定有不少才华、能力都在他之上，可是到最后，只有他成了董事长。

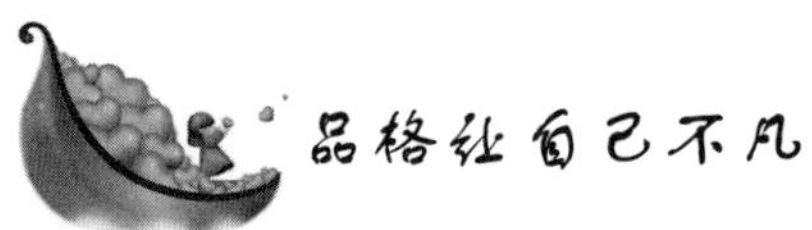

品格让自己不凡

一个顾客走进一家汽车维修店，自称是某运输公司的汽车司机。“在我的账单上多写点零件，我回公司报销后，有你一份好处。”他对店主说。但店主拒绝了这样的要求。顾客纠缠说：“我的生意不算小，会常来的，你肯定能赚很多钱。”店主告诉他，这事无论如何也不会做。顾客气急败坏地嚷道：“谁都会这么干的，你不要太傻了。”店主火了，他要那个顾客马上离开，到别处谈这种生意去。

就在这个时候，顾客露出微笑并满怀敬佩地握住店主的手：“我就是那家运输公司的老板，我一直在寻找一个固定的、信得过的维修店，你还让我到哪里去谈这笔生意呢?”最后这个店的生意因为这个老板的照顾而日益兴隆起来。面对诱惑，不怦然心动，不为其所惑，虽平淡如行云，质朴如流水，却让人领略到一种山高海深。这是一种闪光的品格——诚信。

早年，尼泊尔的喜马拉雅山南麓很少有外国人涉足。后来，许多日本人到这里观光旅游，据说这是源于一位少年的诚信。一天，几位日本游客请当地一位少年代买啤酒，这位少年为之跑了三个多小时，游客们十分相信这个少年。第二天，这个少年又自告奋勇地再替他们买啤酒。这次游客们给了他很多钱，但直到第三天下午那个少年还没回来。于是，游客们议论纷纷，都认为这个少年把钱骗走了。第三天夜里，那个少年却敲开了游客的门。原来，他只购得四瓶啤酒，尔后，他又翻了，一座山，趟过一条河才购得另外六瓶，返回时摔坏了三瓶。他哭着拿着碎玻璃片，向游客交回零钱，在场的人无不动容。这个故事使许多日本人深受感动。后来，到这儿的游客就越来越多。

每一个人活在世界上都要有一些自己必须遵从的原则。只有拥有自己的原则，才能在纷繁复杂的社会求得立足之地，才能保有心底最大的安全。才能获得成功和尊重。

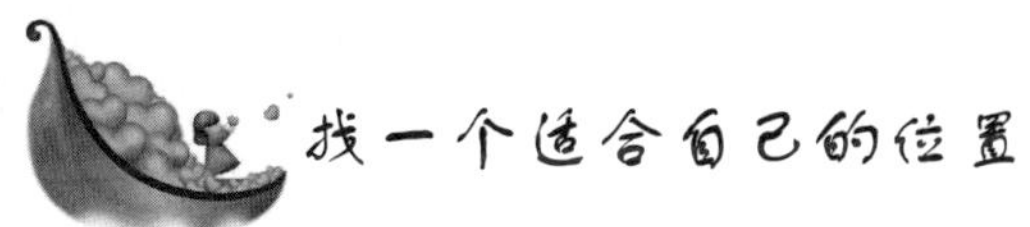

找一个适合自己的位置

今天，人们开始比以往更多地考虑从为数众多的可能性中为自己选择职业。职业选择的过程是一种决策过程，是将个人特点与工作需求最大限度地相匹配的过程。就像世上没有完全相同的两片树叶一样，世上也没有完全相同的人。每个人都具有独特的、与众不同的心理特点，也总存在着一些更适于他做的工作。

奥格·曼狄诺不赞成两种极端的观点。一种极端的观点认为：每个人都可能在任何工作上获得成功，每种工作都可能由任何人做

好。这种观点是站不住的。很显然，一个有色盲的人就不能胜任从画家到化验员的许多种工作；许多人由于自身生理、心理特点的局限，不能成为一名高速战斗机的驾驶员。另一种极端的观点认为：对于每个人来说，都存在着一种最佳职业，对于每一种工作来说，都存在着一类最佳人选。这种观点也是站不住的。事实上，对于具有某种生理、心理特点的人来说，他都可能在若干职业上获得成功。这些职业对人的生理、心理特点有相似的要求。例如，对于一个思维敏捷、长于言谈、性格外向、喜好与人交往、有感染力的人来说，他既可能在政治领域中获得成功，成为一位出色的政治家，他也可能在经济领域中获得成功，成为一位有名的企业家。对于某一种特定职业来说，也可能由具有非常不同的生理、心理特点的人来完成。

我们认为，只有很少的人可以在几乎一切工作上都能得到满足，和获得职业上的成功；只有很少的工作（如马路清扫工作）是几乎任何人都可以胜任的。即使是马路清扫工作这种几乎什么人都可以胜任的工作，也并不能给所有的人（甚至不能给多数人）带来满足感。对于大多数人来说，总有一些工作更适合他的特点；对于大多数工作来说，也总有一些更适于承担之人。为了获得职业上的成功，为了生活得更好，有必要更多地了解和更准确地认识自己的心理特点，更多地了解自己的长处和短处。

在考虑职业选择时，能力倾向是最重要的因素。智力水平因为影响到人在各种职业中的成就，因此对职业选择来说并不重要。对某一职业领域中专业知识的学习，通常是在职业选择之后进行的，因而对职业选择的意义也不大。由于每个人的能力倾向不同，一个人在某一些职业领域上如果遇到了较大的困难，他完全可能在另一些职业领域上获得很大的成功。因此，了解自己的能力倾向，对于职业选择来说就非常重要了。

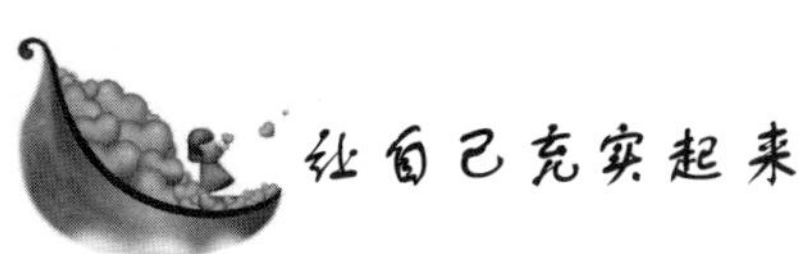

让自己充实起来

给自己一个目标，给自己一份充实。让理想来塑造你的形象，把烦恼开除。

没有目标的人生是空虚而没落的，烦恼将不约而至。有了目标，人生才有真意。拥有目标并为之奋斗，让生活充满充实的感觉，是真正的快乐之道。让自己充实起来，为自己设定一个目标，在目标的激励下不断拓展自己的视野，提高自己的能力，从而进一步提高自己的价值。

有一天，古希腊哲学之祖泰勒斯的弟子问了他这么一个问题。

“老师，人生最难的事是什么？”

“人生最难的事是了解自己。”

“那么最简单的事又是什么呢？”

“人生最简单的事就是给别人提意见。”

“那人生最快乐的事呢？”

“人生最快乐的事就是拥有自己的目标，并且把它完成。”

为了了解人是一种什么样的动物，有人做了以下的心理实验。他们召集了一百个左右辛勤工作的人，并把他们分成两组。他们告诉第一组的人说：“从今天起一个月内，你们可以尽情地做你们喜欢做的事，我们会全力支持的。”于是他们吃喝玩乐，样样应有尽有。而对第二组的人他们则说：“希望你们按原来每天的作息行动。”于是这组人除了是在做实验这点以外，他们的生活几乎和往常都一样。不用说，第二组的人一定相当羡慕第一组的人。可是过了一个月之后，结果怎么样呢？

第二组的人的日常生活以及生活意识和实验前一样。换句话说，他们还和以前一样偶尔发发牢骚，不过仍然辛勤地工作着，空闲时就去从事一些休闲活动。相反的，第一组人的结果却相当出人意料。

刚开始他们尽情地玩乐，因为他们要什么就有什么，世界上再

没有什么比这个更令人高兴的事了。然而，过了不久之后，他们慢慢地不知道自己到底想要做些什么，然后索性就睡个一整天。

当人生有目标的时候，你会觉得每天都朝气蓬勃，因为努力去完成自己的心愿是人生最大的乐事。如果凡事不用努力就唾手可得的话，人将无所事事，所以说有自己想追求的目标是一件好事。假使只像第一组人的生活，人生将会过得相当的无趣。没有目标，人很容易在芸芸众生中失去自己。

有了目标，人生就变得充满意义，一切似乎清晰、明朗地摆在你的面前。什么是应当去做的，什么是不应当去做的，为什么而做，为谁而做，所有的要素都是那么明显而清晰。

德国法兰克福的钳工汉斯·季默，从小便迷上音乐，他的心中自然就有这样一张“人生指南针”——当音乐大师，尽管买不起昂贵的钢琴就自己用纸板制作模拟黑白键盘，但他练贝多芬的《命运交响曲》时竟把十指磨出了老茧。后来，他用作曲挣来的稿费买了架“老爷”钢琴，有了钢琴的他如虎添翼，并最后成为好莱坞电影音乐的主创人员。

他作曲时走火入魔，时常忘了与恋人的约会，惹得许多女孩骂他是“音乐白痴”、“神经病”。婚后，他帮妻子蒸的饭经常变成“红烧大米”。有一次他煮牛肉面，边煮边用粉笔在地板上写曲子，结果是面条煮成了粥。妻子对他很客气，不急不怒，只是罚他把糊粥全部喝掉，剩一口就“离婚”。

他不论走路或乘地铁，总忘不了在本子上记下即兴的乐句，当做创作新曲的素材。有时他从梦中醒来，打着手电筒写曲子。

汉斯·季默在第67届奥斯卡颁奖大会上，以闻名于世的动画片《狮子王》荣获最佳音乐奖。这天，是他的37岁生日。

我们羡慕那些成功人士所获得的鲜花、掌声，却常常忽略了在这些成功背后的艰辛。我们出生时条件并不重要，重要的是拥有去争取一切我们想要的东西——“人生指南针”。

一个人想要过一个理想完满的人生，就必须先拟定一个清晰、明确的“人生指南针”。

所谓“人生指南针”，就是指人生的目标与理想，而为了达到这个目标，就必须运用合理而有效地克服危机“战术”——为了实现“指南针”而采用的手段。

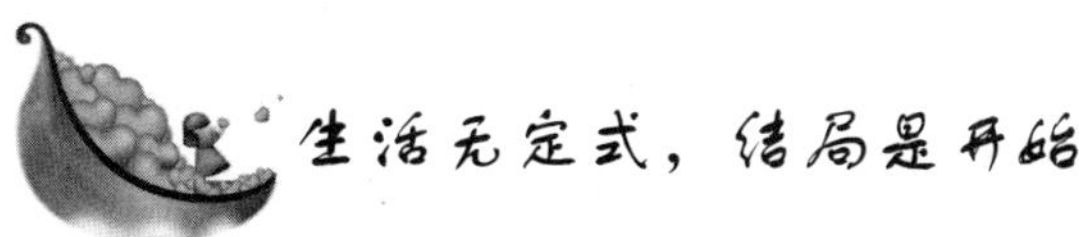

生活无定式，结局是开始

生活里的挫败是人生路上在所难免的，当我们身逢绝境时，要时刻告诫自己：这不是生活的结局，我还有希望，我能找到出路。在这样的自我鼓励之下相信你也会在像罗丹一样找回自己的使命，重建自己的信心。

奥古斯特·罗丹，19 世纪法国伟大的雕塑家，西方近代雕塑史上继往开来的一代大师，他的雕塑作品《思想者》是现代世界最著名的塑像。

罗丹出生于巴黎拉丁区的一个公务员家庭。父亲一直希望罗丹能掌握一门手艺，过殷实的生活。但是罗丹从小醉心于美术，为此，父亲曾撕毁罗丹的画，将他的铅笔投入火炉。罗丹的功课都很差，上课时也在画画，老师曾用戒尺狠狠打他的手，使他有一个星期不能握笔。在姐姐的资助下，罗丹上了一所工艺美校，在此，他学习了绘画和雕塑的一些基本知识，并立下志向要当一名雕塑家，并把雕塑作为自己的使命。

罗丹去报考著名的巴黎美专，可能是由于他的作品太不合主考者的品位，一连三次都没有被录取。罗丹遭到如此挫折，决心再也不投考官方的艺术学校了。不久，一直资助他的姐姐病逝，罗丹心灰意懒，决心进修道院去赎罪。后来，在修道院院长的鼓励下，罗丹重新树立起从事艺术的志愿，于半年后离开了修道院。在罗丹几乎丧失信心的时候，他在工艺美校时的老师勒考克一直鼓励着他。同时他遇到了他的模特儿兼伴侣罗丝，开始了他的创作生涯。

罗丹创作的头像《塌鼻人》遭到了学院派的轻视，但罗丹仍是夜以继日地工作着。他曾在比利时和雕塑家范·拉斯堡合作，稍稍有了一点积蓄。利用这点钱，罗丹访问了意大利的佛罗伦萨、罗马

等地，研究了那里保存的各个时期的艺术大师的作品。

这次游历使罗丹获得极大的收获，回布鲁塞尔后就创作出了精心构制的作品《青铜时代》，由于雕像过于逼真，罗丹竟被指控从尸身上模印。罗丹百般申辩，经过官方长时间的调查，才证明这确系罗丹的艺术创作，一场风波就此平息，而罗丹的名声也由此传开了。

从比利时回到法国，罗丹的创作已部分地受到了上流社会的承认。1880 年，他接受政府的委托，为筹建实用美术博物馆设计大门。罗丹以意大利诗人但丁《神曲》中的《地狱篇》为题材，构思了规模宏大的《地狱大门》。这件作品整个创作前后费时达 20 年，最后也没有正式完成，但部分构思却在别的作品中有了体现。

1891 年，罗丹受法国文学协会之托制作的巴尔扎克纪念像再一次遭到非议，一些人认为作品太粗陋草率，像一个裹着麻袋片的醉汉。文学协会在舆论哗然之下，拒绝接受这个纪念像。但是在 1900 年巴黎三国博览会上，一个专设的展厅陈列了罗丹的 171 件作品，成为艺术界的盛举。成千上万的人涌来看《地狱之门》《巴尔扎克》《雨果》，来自世界各国的艺术家和社会名流纷纷向罗丹表示祝贺和敬意。罗丹在法国之外的世界获得了极大的声誉，各国博物馆争相购买他的作品，以致能得到罗丹的作品成为一时的时髦事。罗丹终于获得了成功。

1904 年，罗丹被设在伦敦的国际美术家协会聘为会长，罗丹的荣誉达到了一生的顶点。

光荣的罗丹并未就此止步，他唯一的生命便是雕塑。罗丹开始雕塑比真人还大一倍的《思想者》。罗丹亲身感受到脱离了兽类之后的思想者承受的压力，他通过塑像来表现这种拼搏的伟大。这是罗丹最后一部史诗性的作品，当塑像完成后，他也筋疲力尽了。

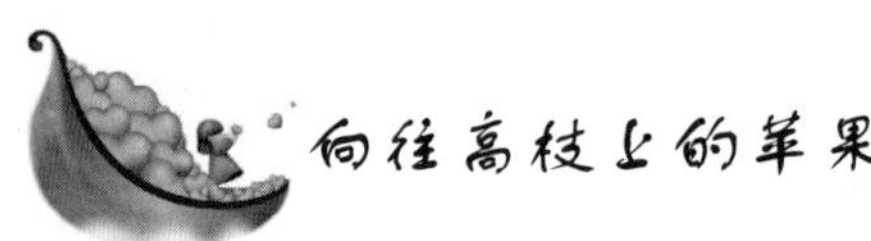

向往高枝上的苹果

为了取得高枝上的苹果，就要不断地打造更高的阶梯。为了取

得较高的目标就要设定更长远的目标。不少人认为，天才或成功是上天注定的。但是，世上被称为天才的人，肯定比实际上成就天才事业的人要多得多。为什么？克莱门特·斯通指出："许多人一事无成，就是因为他们缺少雄心勃勃、排除万难、迈向成功的动力，不敢为自己制定一个高远的奋斗目标。不管一个人有多么超群的能力，如果缺少一个设定的高远目标，他将一事无成。设定一个高目标，就等于达到了目标的一部分。"

美国伯利恒钢铁公司的建立者齐瓦勃出生在美国乡村，只受过很短的学校教育。尽管如此，齐瓦勃却雄心勃勃，无时无刻不在寻找着发展的机遇。他相信，自己一定能做成大事。

18 岁那年，齐瓦勃来到钢铁大王卡耐基所属的一个建筑工地打工。一踏进建筑工地，齐瓦勃就抱定了要做同事中最优秀的人的决心。

一天晚上，同伴们都在闲聊，唯独齐瓦勃躲在角落里看书。这恰巧被到工地检查工作的公司经理看到了，问道："你学那些东西干什么？"齐瓦勃说："我想我们公司并不缺少打工者，缺少的是既有工作经验、又有专业知识的技术人员或管理者，不是吗？"有些人讽刺挖苦齐瓦勃，他回答说："我不光是在为老板打工，更不单纯为了赚钱，我是在为自己的梦想打工，为自己的远大前途打工。"抱着这样的信念，齐瓦勃一步步向上升到了总工程师、总经理，最后被卡耐基任命为钢铁公司的董事长。最后，齐瓦勃终于自己建立了大型的伯利恒钢铁公司，并创下了非凡业绩。凭着自己对成功的长久梦想和实践，齐瓦勃完成了从一个打工者到创业者的飞跃。

开始时心中就怀有一个高的目标，意味着从一开始你就知道自己的目的地在哪里，以及自己现在在哪里。朝着自己的目标前进，至少可以肯定，你迈出的每一步都是方向正确的。一开始时心中就怀有最终目标，会让你逐渐形成一种良好的工作方法，养成一种理性的判断法则和工作习惯。如果一开始心中就怀有最终目标，就会呈现出与众不同的眼界。有了一个高的奋斗目标，你的人生也就成功了一半。如果思想苍白、格调低下，生活质量也就趋于低劣；反之，生活则多姿多彩，尽享人生乐趣。

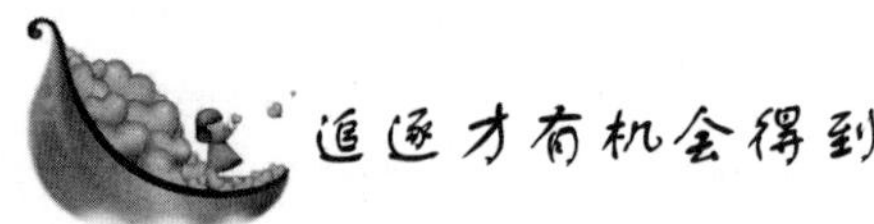

追逐才有机会得到

一个村子里有两个朋友，他们都有些财产，其中一人对命运女神十分渴求，这天他对朋友说："你看我们是不是离家到外面闯一闯？要知道坐在家里是不会成为先知先觉的，我们最好能到别处去碰碰运气。"

"你去吧，"朋友说，"至于我，不想到别的什么更好的地方去，也不图有更好的什么命运。去实现你的愿望吧，按你好动的性格行事，相信你不久就会返回的。我的心愿则是进入梦乡，一直睡到你回来的时候。"

这个野心勃勃、信心百倍的人即刻动身上路了。

第二天，他来到了宫廷，这是命运女神最爱光顾的地方。他决定在此待一段时间，侍候国王起床和安寝。他认为命运降临的好时机到了，但挖空了心思，却什么也没得到。

"这是怎么搞的？"他自言自语道，"还不如到别处去找找财宝。不过这命运女神就在这地方待着，每天都可以感觉到她的出入，走东家串西家，可为什么我不能像大家一样，恭候她的光临呢？有人曾对我说过，这里的人不喜欢心术不正、有野心的人。

那好吧，宫廷里的各位先生们，再见了。让人们在命运女神诱惑的幻影下奔波吧。有人说，在印度西海岸的城市苏拉特，有命运女神的神庙，就到那里去看看吧。"

说着话，这人就上了船。

人具有非常坚毅的本性，而眼下这个人的意志简直就像金刚石一般坚定异常。

他勇敢地开辟了这条航线，第一个向远洋深海进发。

在航程中，他战胜了海盗、狂飙、暗礁和无风不能航行等各种困难，这时，他怀念起故土来，他把目光投向远方的家乡。

在历尽艰辛到海外寻找命运女神以后，他才发现，原来命运并

没有离开家门。

他来到蒙古国，有人对他说，命运女神正在日本施舍她的恩惠。他就赶紧往那儿奔。连大海的波涛看到他在船上漂泊都感到厌倦，长途跋涉的唯一收获就是那些当地人给他的教诫："你留在自己家乡过田园般的生活不是很好吗？"

对他来说，在蒙古和日本都没碰到好运，于是他得出以下的结论：最大的错误就是不该离开自己的故土。

他终于放弃了徒劳无益的奔波回到了家乡，当他远远地看到自家的墙院后，不禁激动得落下了眼泪。他深有感触地说："待在家里的人是多么幸福啊。他们干着自己想干的事，使自己的愿望得到满足。

而自己只是道听途说，什么朝廷、大海、你的王国，啊，这命运女神使荣华富贵在我眼前晃过，引诱得人们为之走遍海角天涯，却始终达不到期望的结果。

今后我要待在家乡，这比其他做法要强过百倍。"

他这样想着，暗暗地下决心与命运女神抗争。

可就在这时他发现，命运女神已经站在他面前，正对着他微笑呢。

他的朋友却还沉睡未醒。

我们所追逐的东西往往飘忽不定，也或许就在我们身边，我们却忽略了它，但如果我们执著地追逐下去，总有一天会得到它。但是，如果连追逐的行动都没有，那么就永远也没机会得到它。所以，不管我们想得到什么，都一定要付诸行动。

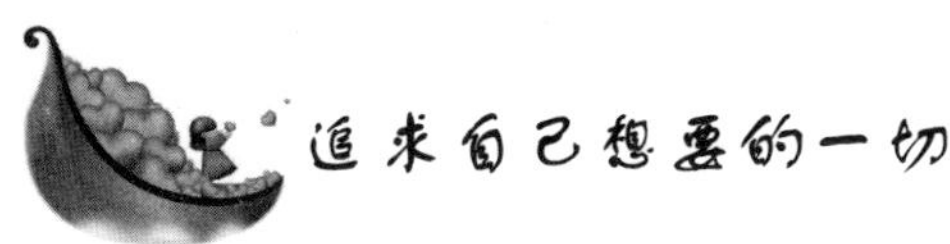

追求自己想要的一切

寻找就能寻见。随波逐流，还是定准航向，这里边有着巨大的差别。

你能接受什么，生活就给你什么。有时候，人生就像是一场战

斗；所以只要能迅速地减轻肩头的重担，我们愿意接受任何一种解决方法。比如说，我们刚从学校毕业，急于找到一份工作，这个时候，任何一份工作都比没有强；但是，我们的起点决定了我们的收入，而且对将来的发展影响很大。所以说，只有知道自己（而不是别人）要的到底是什么，牢牢把握住人生的方向，这才是最重要的。

麦克高中毕业的时候就碰到了这样的问题。进大学之前，他在达拉斯市区的一家人寿保险公司里找到了一份暑期工作。麦克在记账部门，负责把收进来的健康保险费登记到账本上。

那时的记账工作完全靠手写，不到一个星期就能学会。不用说你也知道，这真是一份枯燥、重复、毫无挑战性的工作。麦克刚刚做了两个星期后的一天晚上吃饭的时候，爸爸问他喜不喜欢自己的新工作，麦克无比坚决地回答他："嗨，说实话，我真讨厌这份工作。我只希望能熬满三个月，大学开学就好了。"

麦克觉得爸爸好像被他那强烈的情绪吓了一大跳。麦克没有告诉爸爸，和自己一起工作的女士们，无论年轻还是年长，都让他震惊。很明显，她们和他有着不同的价值观和道德观。部门主管对待顾客的态度恶劣极了，让麦克觉得很难过。这种分歧实在太大了，所以，麦克每天都眼巴巴地盼着五点钟的下班铃响。上班时间里，他对人很有礼貌，但他尽量少说话，只是注意观察。

正是因为这份假期工作，麦克开始深刻地认识到能去上大学真是好幸运啊。他明白了，上大学可以给自己更多选择的机会，他可以选择工作的环境，还有工作的同事。

麦克清楚地知道了什么是自己想要的，什么是他不想要的。他不愿意被迫和自己不喜欢、也不尊重的人一起工作，而教育给了他更多的选择，他也的确想得到这些选择的机会。

谁在掌控我们的人生？我们究竟是等着别人丢给我们的一切，还是去获得自己想要的一切？

要得到自己想要的，首先就得知道我们想要的是什么，然后靠自己去争取。

好多年以后麦克才认识到，他有责任去追求自己想要的一切。梦想不会自动变成现实，在生活中，你必须主动出击。这也正是

《圣经》中的一个基本信条："寻找，就能寻见"。《圣经》上可没有说要我们静静等待，机遇就会降临。

如果我们不知道自己想要的到底是什么，就不知道该去追求什么。如果我们不知道该追求什么，我们就不得不等待、盼望，最后捡起生活扔给我们的一点残羹冷菜。

生活中所有的重大决定都要经过深思熟虑，不要放弃任何机会，你可以、也应该为自己争取得更多。要弄明白究竟什么是你真正想要的，然后，毫不妥协地去追寻。

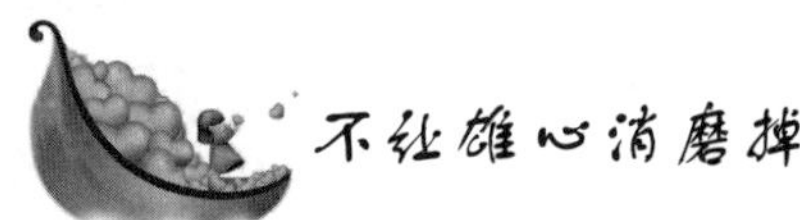

不让雄心消磨掉

在法国南部一个很小的城市里，住着一群十分聪明的人。这些人从来没有离开过小城，他们一直都以为小城就是上帝最钟爱的地方，而且认为这个小城是最美丽最富饶的地方。后来，有一位外地的客商路过小城，当他得知小城中人们的想法时，他大笑着说："这个城市只不过是一个小得极不起眼的地方而已，世界可是大得很，在这个城市之外还有很多地方比这个城市更美丽、更富饶。"客商还将自己随身携带的地图展开，让小城中的几位最聪明的人看。客商还建议他们："你们真应该走出小城到其他地方看一看，一个人一生只待在这么一个小地方真是太可惜了。"

听了客商的话，小城中的人们决定出去走一走，开开眼界，看看外面的世界是什么样子。有了这个想法之后，他们决定在出发之前做一份周全的计划，因为大家都没有出过远门，更没有离开过这个小城市，如果没有一份周全的计划，那一旦遇到问题就麻烦了。于是他们根据客商的描述制定了一份内容详尽的计划。计划的内容包括要去的地方、需要准备的物品，还有预定的返回期限，等等。后来客商离开了小城，留给了他们一本关于旅行的书。根据这本书介绍的内容，他们感到最初制定的那份计划太不周全了，于是又加入了一些条款，比如具体的出行路线、乘坐怎样的交通工具。在需要准备的物品这一项中，他们又补充了许多过去没有想到的物品。经过几次修改和完善，他们终于有了一份完整的出行计划，可还是不能立即出发，因为出行计划上罗列的许多东西他们还没有准备好。

路上需要的水、食品和衣物等很快就筹备好了，可是客商给他们留下的书中介绍的地图还是没有，而且小城没有卖地图的地方。由于从来没有走出过小城，所以他们只能从外面来的一些商贩手中购买地图。终于有商贩来了，人们从商贩手中买了好几份地图，不过商贩告诉他们，如果想到更远的地方旅行最好用地球仪，于是他们又等待卖地球仪的商贩进城。

就这样，他们等到了地球仪。在买了地球仪之后，他们发现还需要火车时刻表，因为他们担心坐火车时错过上车时间……在有了火车时刻表之后他们又发现还需要指南针，到了陌生的地方弄不清方向那可是一件可怕的事情……在这些东西都准备好了之后，他们觉得还需要一个行李箱，因为带着如此零零碎碎的东西，如果没有一个结实又漂亮的行李箱，那也是无法出行的。于是人们又找到城里一位手艺精湛的木匠制作了一个又结实又漂亮的行李箱。发现没有锁出门不安全时，他们又找铁匠打了一把十分保险的锁……

等人们把一切都准备好之后，他们才发现自己早已经年老力衰，根本没有足够的力气实施当年制定的计划了，况且他们当初的那份雄心壮志早已被时间消耗殆尽了，最后他们不得不老死在小城中。

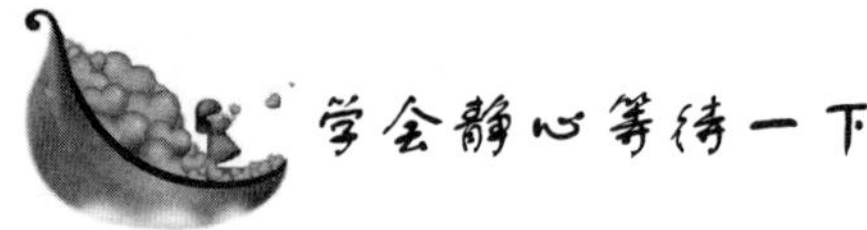

学会静心等待一下

那是一个美好的春日，当我在复活节星期一的早晨离开大教堂时，心中充溢着一种平和的感觉。

我在通向大街的台阶顶端停留了片刻，街上此刻熙熙攘攘的都是奔向工作岗位的人。

在一个小拱门里，一个卖花的老妇人正如往常一样地坐在那里。在她的脚下铺着一张报纸，上面摆着一排排用于别在胸前或钮孔上

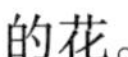

的花。

卖花的老妇人正在微笑，她那满是皱纹的脸孔因某种内心的欢乐而容光焕发。

我开始走下台阶——然后，在一时冲动之下，我转回身去，挑选了一束花。

当我把花别在衣领上的时候，我对卖花的老妇人说："你看起来非常快乐。"

"为什么不呢？"她回答道，"一切都那么美好。"

她的衣着如此破旧，看起来如此年老，以致她的回答令我感到十分惊讶。

"许多年来，你一直都坐在这里卖花，不是吗？而且你总是笑容可掬。你把你的烦恼掩饰得非常好。"

"你不可能到了我这把年纪而毫无烦恼，"她回答说，"但那就像耶稣和受难节一样……"她停顿了片刻。

"怎么样呢？"我催促道。

"是的，当耶稣在受难日被钉死在十字架上时，对全世界来说，那都是最黑暗的日子。每当我遇到麻烦的时候，我就会想到耶稣的受难，然后我会想起仅仅在三天之后发生了什么——复活节——基督死而复生了。因此，当事情不如意的时候，我学会了等待三天……然后，一切就都莫名其妙地好转起来。"

她笑着向我道别了，但每当我有了烦恼的时候，我都会想起她的话……"给上帝一个帮助你的机会吧，等待三天。"

遇到任何棘手的问题时，都不要只一味地往最坏的方面想，那样会使你在烦恼的漩涡中越陷越深，无法自拔。在想不出解决办法之前，或者可以学学那位老妇人的做法，静心等待一下，也许事过境迁之后回头再看，原本以为难以逾越的鸿沟，竟已如此轻易地就跨了过去。

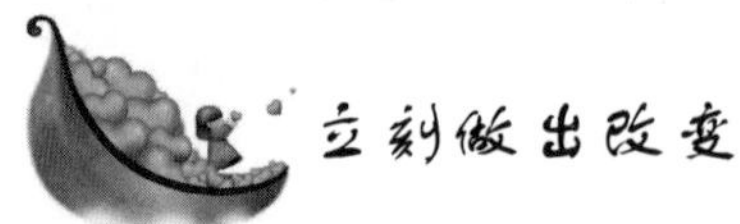

立刻做出改变

在面对困难时，你能设法使事情发生变化吗？如果能，那就不要等另一天，立刻做出改变；如果不能，那就改变你的态度。这个世界就是这个样子，如果你希望享受快乐，就必须也能忍受痛苦；无论喜欢与否，你都不可能只选择一个而舍弃另一个。所有的事情在变得容易之前，都是困难的；当然，你遇到的阻力越大，克服它之后，你得到的荣耀也就越多。

当一个小男孩儿戴着棒球帽、拿着球和球棒昂首阔步地穿过后院的时候，有人无意中听到他在自言自语道："我是世界上最伟大的击球手。"然后，他把球扔向空中，并挥棒击球，但没有击中。

"一好球！"他大声喊道。他毫不气馁地把球捡了起来，并再次说道："我是世界上最伟大的击球手！"

他把球扔向空中；当球落下时，他又一次挥棒击出，但仍没有击中。"两好球！"他大声喊道。

然后，小男孩儿暂停了片刻去仔细检查他的球棒和球。他向手心里吐了口唾沫，用力摩擦了一下，然后扶正帽子，又一次说道："我是世界上最伟大的击球手！"他再次把球扔向空中，然后挥棒击球，但又没击中。"三好球！"

"哇！"他大声叫道……"我是世界上最伟大的投手！"

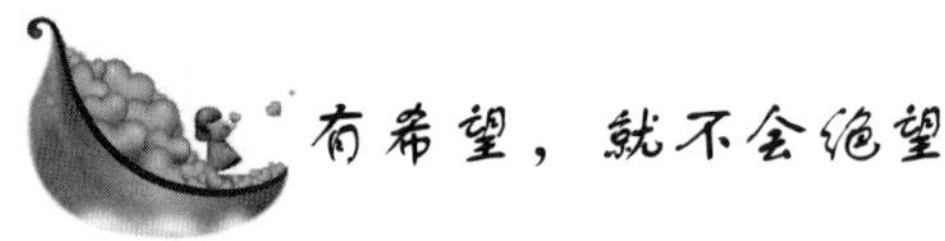

有希望，就不会绝望

有一天早晨，在吃早餐的时候，我无意中听到了两个肿瘤学家的谈话。其中一人非常痛苦地抱怨道："你知道，鲍勃，我真的不明白。我们使用的是同样的药物、同样的剂量、同样的疗程和同样的纳入标准。然而我的治疗有效率只有22%，而你却有74%。对于转移性癌症来说，那是闻所未闻的。你是怎么做的?”

他的同事回答道：“我们都使用足叶乙苷、卡铂、长春新碱和羟基脲；你把这种疗法称之为‘EPOH’。而我则告诉我的病人，我给你们‘HOPE’——希望。与令人消沉的专业药物名词相比，我强调的是我们所拥有的治愈机会。”

许多被医学判了死刑的绝症患者最后都令人难以置信地康复了，其实这并不是什么奇迹，原因也很简单，因为他们都有着乐观的心态，都对战胜病魔充满了信心和希望。只要有希望，就不会绝望!

地铁在来回摇晃着，它的车轮摩擦着铁轨，发出比以往更加刺耳的尖利声音。车厢里载满了面无表情、以自我为中心的无聊乘客。

突然，一个小男孩儿从没有礼貌的成年人的腿之间挤了出来——就是那种决不会愿意为你挪出一块地方的成年人。

小男孩儿的父亲站在车门旁，他则坐在车窗旁边，周围都是不友善的成年人。多么勇敢的孩子，我想。

当地铁进入一条隧道时，完全令人意想不到的奇特事情发生了。小男孩儿从他的座位上滑下来，把手放在了我的膝盖上。有片刻的时间，我认为他是想从我身边走过，回到他父亲那里去，因此我略微转了一下身。然而，小男孩儿没有继续向前走，而是倾斜身体，把他的头向我靠了过来。他想告诉我什么事，我想。真顽皮！我俯下身去，听他要对我说什么。我又猜错了！他轻轻地吻了一下我的脸。

然后，他回到了座位上，斜靠在那里，开始高兴地看向窗外。而我则震惊不已。发生了什么事？一个孩子在地铁上亲吻了一个不认识的成年人？令我感到惊异的是，这个孩子继续亲吻他旁边的所有人。

在紧张和迷惑中，我们一脸疑问地看向男孩儿的父亲。

“他很高兴能够活下来，”那位父亲说，“他刚刚得了一场重病。”

地铁停了下来，那对父子下了车，消失在人群中。车门关上了。我的脸上仍然能够感觉到那个孩子的吻——一个引人深思的吻。

有多少人纯粹为了活在世上的喜悦而去亲吻彼此呢？有多少人

甚至想过活在世上也是一种特权呢？如果我们都开始率真地做自己，会出现什么样的情形呢？

这个小男孩儿给了我们一记甜蜜但又严肃的耳光：不要在心脏停止跳动之前就让自己死去！

忙碌的城市生活和紧张的工作压力已经使许多人的精神变得麻木，但不可否认，毕竟还有人怀着一颗充满希望的心，并且正以他们对生活和生命的乐观积极的态度去感染着身边的人，融化着他们心中的坚冰。

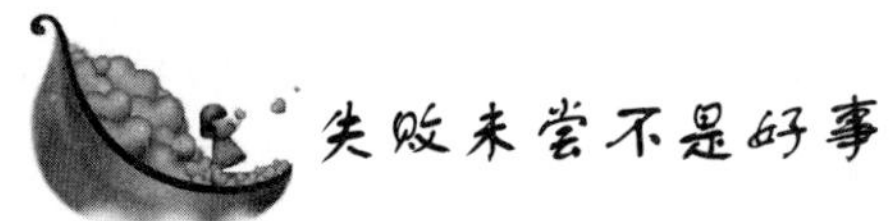

失败未尝不是好事

一个苦恼的人去求见一位拉比，这是一位睿智且温和的拉比。“拉比，”这个人绞扭着双手说，“我是一个失败者。在一多半我认为自己必须要做的事情上，我都没有成功。”

“哦，”拉比低声说道。

“请您为我指点迷津，拉比，”这个人恳求道。

沉思了许久之后，拉比说：“啊，我的孩子，我指给你一条明路：去看 1970 年的《纽约时代年鉴》第 930 页，或许你能找到内心的宁静。”

带着对这个奇怪建议的困惑，这个苦恼的人到图书馆找那本书去了。世界上最伟大的棒球运动员一生的平均击球率——这就是他找到的结果。泰·柯布，最伟大的强击手，他一生的平均击球率为 0.367。甚至全垒打之王贝比·鲁斯都无法望其项背。

于是，这个人回到拉比那里，问道：“泰·柯布，平均击球率 0.367。您让我看的是这个吗？”

“没错，”拉比回答道，“泰·柯布，平均击球率 0.367。在每三次轮到击球中，他只击中了一次；他的击球率并没有达到 0.5。因此，你还期望什么呢？”

“啊哈，”这个人恍然大悟。他认为自己是一个可怜的失败者，

只因为他在自己必须做的事情中只有半数是成功的（但他的成功率已经达到了0.5）。

人生应该充满期望，但也不要对自己的期望值过高，不必要求每件事都能成功，那是不现实的。经历一些挫折和失败，也未尝不是一件好事，只有这样，才能使你更深切地体会到成功带来的喜悦。

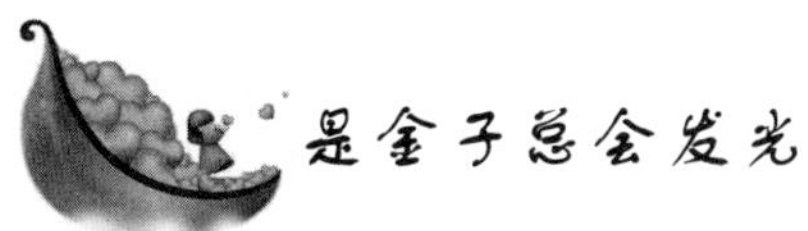

是金子总会发光

在当今社会，害处最大的事情之一，就是对所谓的智力测验的重要性的夸大其辞。对于个性的形成来说，除了回答那些刁难人的问题的机智之外，还有许多其他品质也是非常重要的。一个人可能在所有的智力测验中都不合格，但他却能够创造出精彩的人生。让我来给你讲一个发生在一个加拿大小男孩儿身上的故事吧。

这个小男孩儿名叫约翰尼·马丁，他是一个木匠的儿子，她的母亲是一个家庭妇女。他们过着俭朴的生活，积攒下的钱只为有朝一日可以送他们的儿子上大学。

在约翰尼上中学二年级的时候，一场灾难降临了。学校聘请的一位心理学家把这个刚刚16岁的年轻人叫到了他的私人办公室，并对他说："约翰尼，我一直在研究你的分数，我还查看了你在运动和感官印象方面的各种测试——也就是你的身体检查。我已经对你和你的成绩进行了非常细致的研究。"

"我一直在努力，"约翰尼说。

"麻烦就在这里，"心理学家说，"你确实已经非常努力了——但却并没有什么作用。在学习方面，你似乎已经无法再有进步了。你并不适合学习，在我看来，你继续留在中学里，只是在浪费时间而已。"

男孩儿用双手捂住了脸。

"我的父母会难以承受的，"他说，"他们一心一意希望我能成为一名大学生。"

心理学家把手放在了男孩儿的肩上。“人有各种不同的天分，约翰尼，”他说，“有的画家永远都学不会乘法表，工程师唱歌会跑调；但我们每个人都自己的独特之处——你也不例外。总有一天你会发现自己特殊的天分，当你成功的时候，你一定会使你的父母为你而骄傲的。”

约翰尼再也没有回到学校去。城里的工作很难找，但他一直忙于为一些住户修剪草坪，并在他们的花坛附近徘徊。然后，奇怪的事情发生了。不久之后，他的主顾开始注意到约翰尼拥有他们所谓的“绿手指”（指种植花木蔬菜的高超技能）。

经他照料过的植物都长得郁郁葱葱、花团锦簇，就连玫瑰树都开花了。他培养了设计前院景观的爱好。他拥有极强的对颜色的鉴赏力，并且能够搭配出令人惊讶的、悦目的颜色组合。

有一天，当他去市中心的时候，碰巧注意到在市政厅后面有一片未使用的土地。说是机遇也好，命运也罢，或者随便你称为什么都无所谓，反正它使一位高级市政官恰巧在那一时刻来到了那个角落。

男孩儿鲁莽地说道：“如果你允许的话，我可以把这个垃圾场变成一个花园。”

“政府没有钱来做这些表面的装饰。”市政官说。

“我不想要钱，”男孩儿说——“我只想做这件事。”

这个身为政治家的市政官见到竟然有人在任何情况下都不想要钱，感到大为惊讶。他把约翰尼带到了他的办公室，当年轻人走出市政厅时，他已经拥有了清除有碍公众观瞻之物的权利了。

当天下午，他就借来了最好的工具、种子和土壤。有人给了他几棵小树；还有一些人听说了这件事之后，提供了一些玫瑰花丛，甚至还有一道树篱。然后城里最大的制造商也听说了这件事，无偿提供了一些长椅。

不久之后，原来令人厌烦的垃圾场就已经变成了一个小公园。那里绿草如茵，有弯弯曲曲的小路和休息之所，还有一个小小的鸟舍。所有的市民都在谈论着这个年轻人所创造出的可喜的变化。

对于约翰尼来说，这也是对他的能力的一种展示。人们看到了他的技能所创造出来的结果，也知道了他是一位天才的庭园美化师。

这是25年前的事，如今的约翰尼已经是庭园美化这一前景美好的行业中的佼佼者了。他的客户扩展到了邻近的几个省。

约翰尼仍然不会讲法语，不会翻译拉丁语，对三角法更是一无所知；但色彩、光线以及优美的景色才是他的谋生之道。年迈的父母都为约翰尼感到骄傲，因为他不仅是一位成功人士——担任重要职务并且是城里最著名的俱乐部的成员——而且他还使自己所居住的这片天地变得更加美好。无论他和他的团队去哪里，都会把美丽展现在人们眼前。

“是金子总会发光的！”不要因为一时的挫败而怀疑自己的价值，天生我材必有用，每个人都有他人所不及的长处，只要你不放弃自己，一直努力，总会找到发挥自己能力的地方。

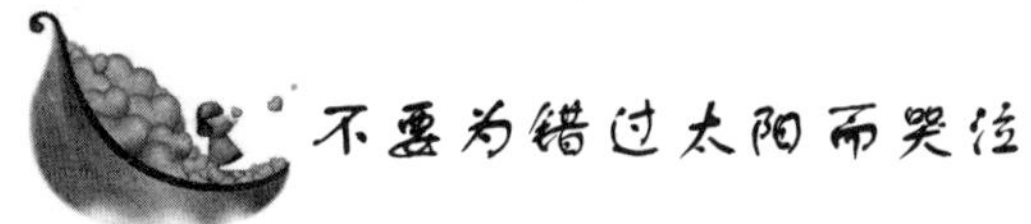

不要为错过太阳而哭泣

绝大多数发生的事情，或者对你有益，或者使你受挫，主要取决于你自己。

要养成问自己“我怎样才能充分利用已经发生的事情”的习惯。举例来说，几个小时之前，我跳进自己的车里，准备10分钟之后开到邮局。在路上，一个两英寸长的螺丝钉扎到了我的右前轮上。现在，我正坐在轮胎商的等候室里，等着轮胎被补好。

我本可以因为时间的损失和不公平的遭遇而自怨自艾几个小时。我必须承认，有几分钟我确实处于那样的情结之中；但之后，我问自己：“我怎样才能充分利用已经发生的事情呢?”答案就是一我拿出笔和纸，把这件事情记了下来。

各种各样的情形都可以成为你抱怨的借口，但它们也可以转变成为机会。发现自我的最佳时间和地点在哪里呢？一切取决于你自己。

对于已经发生了的事，最明智的做法就是接受已经发生的事实，

想想接下来应该怎么办，采取措施去解决问题，而不是纠结于“怎么会这样?”“如果没有……那该多好”这种无谓的想法之中。不要为错过太阳而哭泣，那会使你也错过月亮、星星。

今天，在公共汽车上，我看到了一个金发女郎。我很妒忌她，她看起来如此快乐，我希望自己也能像她一样美丽。在她突然起身离开时，脚步蹒跚。虽然她只有一条腿，拄着拐杖；但当她从我身边走过时，笑容是那样的灿烂。啊，上帝，请原谅我的抱怨。我有两条腿，这世界属于我。

我停下来去买糖果。卖糖果的少年非常迷人。我和他讲话的时候，他看起来如此高兴；即使我在夜里光顾，他也没有丝毫的不快。在我离开的时候，他对我说：“谢谢你，你的心肠真好。能和你这样的人聊天，真让人高兴。你知道，我是个盲人。”啊，上帝，请原谅我的抱怨。我有两只眼睛，这世界属于我。

稍后我走在街上的时候，看到了一个有着一双美丽的蓝眼睛的孩子。他站在那里，看着其他孩子玩。我停留了片刻，然后对他说：“你为什么不和他们一起玩呢，亲爱的?”他仍然一言不发地看向前方，我这才知道，原来他什么也听不见。啊，上帝，请原谅我的抱怨。我有两只耳朵，这世界属于我。

我有双脚，能够带我去任何地方。

我有双眼，能够看到美丽的晚霞。

我的双耳，能够听到熟悉的一切。

啊，上帝，请原谅我的抱怨。

我真的非常幸福，这世界属于我。

当你在感慨命运不济的时候，有没有意识到还有比你更为不幸的人。不停地抱怨换不来命运之神的青睐，只有依靠努力才能掌握自己的未来。

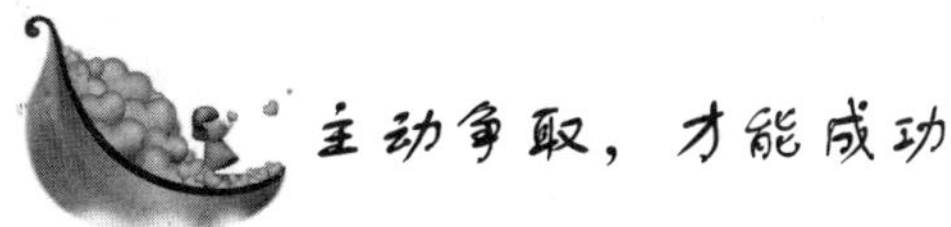

主动争取，才能成功

一位朋友的祖父从欧洲东部来到美国。通过了埃利斯岛的检查之后，他去了下曼哈顿区的一家自助餐馆，想要吃点东西。在一个空位上坐下之后，他就等着服务员过来点菜。当然不会有人过来。最后，一位拿着满满一托盘食物的女士坐在了他对面，并告诉他在自助餐馆的用餐方式。

“从那一端出发，”她说，“沿着那条线走，挑选你想吃的东西。在另一端，他们会告诉你需要付多少钱。”

“我很快就知道了在美国一切是如何进行的了，”这位祖父对一个朋友说，“这里的生活就像一个自助餐馆。只要你愿意付钱，你可以得到任何你想要的；你甚至可以获得成功，但如果你等待别人把它带到你面前，那你就永远无法得到它。你一定要站起身来，自己去争取。”

成功与机会一样，对每个人来说都是平等的，之所以有的人会一帆风顺，有的人却命途多舛，是因为每个人面对成功时的态度和采取的做法大相径庭——主动争取，成功就会如期而至：被动等待，成功则会擦肩而过。

经常会看见一些公司的墙壁上贴着警世名言，比如：今天工作不努力，明天努力找工作！可是，事实上这些公司有的员工却常抱怨，完全没有那种“今天工作不努力，明天努力找工作”的紧迫感，对这句话似乎已经熟视无睹。

被抱怨充斥的人并不懂得自己的工资是从老板那儿领来的还是自己挣来的；他们的眼光只是停留在微薄的工资上，看不到可以利用这个工作机会来提高自己的能力。老板不会把太多时间花在培养员工上，他需要的是一个有能力的人，而不是在抱怨声中完成工作的人。

在竞争日趋激烈的严酷现实中，工作机会并不是俯拾皆是的。

只有主动争取的人，才会获得工作机会。

关小姐在一家化妆品公司做营业员，然而做了 5 年的营业员，也没有升为店长。为此事她一直向身边的朋友抱怨，说她的老板不具慧眼，又说同事在挤对她。一次，朋友正好路过，就去她的店里看了看，不想关小姐一边跟她不停地聊天，一边还拿着游戏机在玩，完全不顾顾客的到来。有的顾客想上前询问一些情况，但看到她这样的工作态度，便欲言又止，一连来了 6 个顾客她都没有理会。只向第 7 个顾客说了一句：买不起就别看！气得第 7 个顾客摔门而出。几个月后，朋友再去店里找关小姐的时候，她已经被解雇了。关小姐的例子就证明了一个道理：今天工作不努力，明天必定努力找工作。

一个能够主动而又勤奋工作的人，将会得到老板的赞许和器重。这样的工作态度也能为今后承担更为重要的工作并获得升迁打下良好的基础。

那么有什么方法可以消除一个人在工作中的懒惰和拖延呢？最好的途径就是培养你主动工作的习惯。一个人如果能够永远勤奋而且乐于主动工作，他就能把工作当做自己的事业。

罗马人有两条伟大的警世名言，那就是勤奋与功绩，这同时也是罗马人征服世界的秘诀。在罗马，任何一个从战场上凯旋归来的将军都要走向田间。田间的劳作是当时罗马最受人尊敬的工作，田间劳作培养了罗马人的勤奋品质，正是这个品质使这个国家逐渐走向富强之路。

要养成主动工作的习惯，你可以照以下方法去做：

1. 每天给自己拟定一项明确的工作任务，要求在你的上司尚未指示之前，你就已经主动把它做好了。

2. 坚持每天至少做一件对他人有价值、有意义的事情，并能够做到不在乎是否有报酬。

3. 坚持每天告诉自己和别人主动工作。

贪图安逸、故步自封只会让一个人变得思想堕落和行动慵懒，而只有主动勤奋工作的人才能摘到成功的硕果。积极主动能带给一个人真正的乐趣与幸福感，能让一个人得到老板的器重。

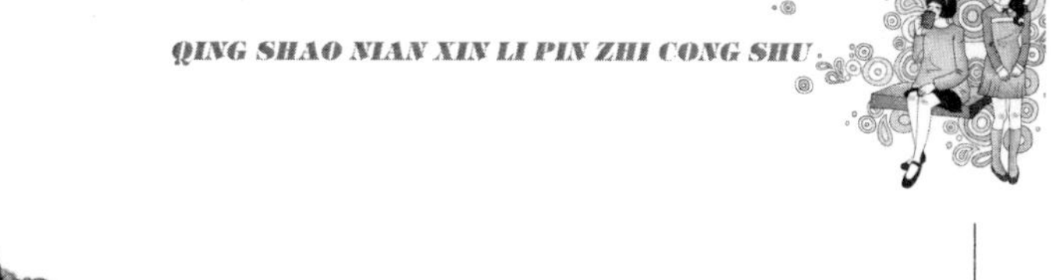

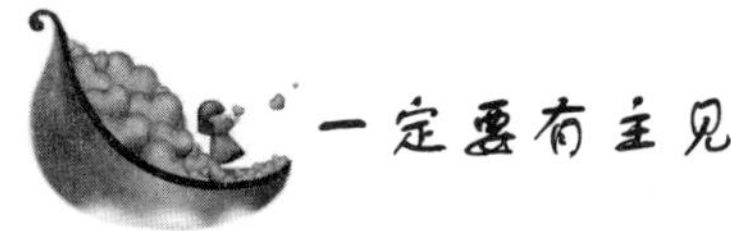

一定要有主见

有一个住在路边卖热狗的人，他的耳朵有点背，因此他不听广播；他的视力不好。因此他不看报，当然，也从来不看电视。然而，他的热狗卖得非常好。他把招牌放在公路上，让每个人都知道他的热狗多么美味可口；他站在路边，向所有路过的人大声喊着“买个热狗吧，这是全城最好的热狗”。

人们都来买他的热狗，他的肉和面包的订量也不断增加。他买了一个更大的烤炉，来加工所有额外的订单。最后，他把儿子找来，帮他一起经营。

然而，从那时起，情况发生了变化。这个人的儿子受过良好的教育，他对父亲说：“爸爸，难道你不听广播，不看报，也不看电视吗？现在正是严重的经济衰退期，国内的生意形势非常恶劣——我们正面临失业、物价过高、罢工、污染、贫穷、毒品和酒精等严重问题。”

这个人想道：“我的儿子受过良好的教育，他读报纸、听广播，也看电视，因此他应该知道这些。”

于是，他减少了肉和面包的订量，取下了他的广告牌，也不再站在路边宣传、售卖他的热狗了……几乎在一夜之间，他的热狗销量便急剧下降。

“你说得没错，儿子，”这个人说，“我们的确正处于经济衰退之中。”

善于听取他人的意见，固然是能够促使人不断进步的一种优秀品质，但前提是一定要有主见、明辨是非，不可人云亦云、盲目跟从，否则必将迷失方向、误入歧途，最终品尝失败的苦果。

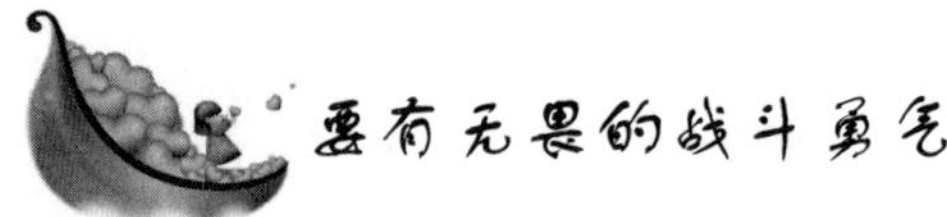

要有无畏的战斗勇气

在我很小的时候，每天早晨和傍晚去给几头奶牛挤奶就已经是我的责任了。我的父亲整个星期都在不停地工作，对我来说，完成这个任务也就成了绝对的必要。而且，除了妈妈可以在早晨帮我以外，我几乎得不到任何帮助，傍晚我就必须独自一人去挤奶。

要想在傍晚的时候走到牛棚，我不得不穿过鸡场。那里有一只公鸡，它很喜欢在我穿过它的领地时追赶我，以此来建立它的自豪感。即使对一个成年人来说，被一只公鸡追赶，也会是一种可怕的经历；对一个孩子来说，那种恐怖的感觉更非言语所能形容。

那只公鸡只在我提着装满牛奶的桶时追赶我。如果我提着空桶，它似乎知道我能用桶把它赶开；但如果我提的桶里装满了牛奶，我就会成为它攻击的目标，因为我不能让牛奶洒出来。

那种情形真是太可怕了，以致我宁可绕远路，以避免碰到那只公鸡。这件事使我整天忧心忡忡，甚至在每天去牛棚之前，就已经完全占据了我的思想。

挤奶的工作是没有休息日的。一定要找出解决这个问题的办法；但我又不想让我的父亲知道我害怕那只公鸡。他是绝对无法理解的。

有一段时间，我曾单独与我的伯父哈里森在一起。他比我父亲大几岁，是一个非常聪明的人；他似乎什么都不怕。我决定在这件事上征求一下他的高见。他看起来非常乐于跟我谈论那只公鸡，并试图帮我解决我的难题。哈里森伯父建议我去牛棚的时候多提两个桶；当我从牛棚往回走的时候，我应该每只手提一个空桶；当那只公鸡靠近我的时候，我要非常镇定地让它开始攻击我。哈里森伯父向我担保，我一定会让那只公鸡以为它还会像以前许多次一样让我感到害怕。

然后，我就要用空桶去打那只公鸡。他保证我不会伤害到它，而我也对使用空桶这个办法表示赞同。我当然不会伤害父亲的公鸡。他

提醒我，要不停地打那只公鸡，直到它用翅膀遮住脑袋；只有到那时，我才真正赢得了这场与公鸡的战斗。如果我退缩了，那只公鸡就会知道我仍然害怕，那么，我一定还会不断重复每天的可怕经历。

除了试一下哈里森伯父的办法之外，我没有别的选择。他似乎对我很有信心。告诉父亲说我害怕那只公鸡，毕竟是一件让人非常尴尬的事。

在那重要的一天，当我走向牛棚的时候，我的手里多拿了两个桶。挤牛奶的时候，我的手在颤抖，但我没有忘记自己应该怎么做。走出牛棚之后，我一直在为我的成功不停地祈祷着。

当那只公鸡看到我拎着两个牛奶桶时，它像往常一样地向我逼近，但它不知道这两个桶都是空的。我继续祈祷着神的保佑；我很快就走近了生命中的一个十字路口。一条线被画在了沙地上，而我就是那个画线的人。我真的能站在那里，让那只公鸡来攻击我吗？

那只公鸡凶狠地向我扑来，仿佛它也知道这次遭遇战的重要性一样。我紧紧地咬着嘴唇，恐惧感使我流下了眼泪。当我用一个空桶去打那只公鸡的时候，我迅速回想了一下哈里森伯父的指点，然后又举起了另一个桶。那只公鸡向后倒在地上，似乎它很难理解情况为什么会发生这样的转变。

有短暂的片刻，那只公鸡退却了，似乎要检验我在这件事情上的信心。然而，它很快又向我冲了过来。我已经取得了足够的成功，这使得第二次进攻更容易被击退了。我的勇气大增，我不停地打它。在盛怒之下，一个桶的把手松了，桶飞向了空中，但那似乎并没有什么关系，我用另一个桶继续打它。

在我快速的追击下，那只公鸡向鸡舍退去。在鸡舍里，它缩在一个小角落里，以躲避我的打击。这只躲在角落里、被打败的公鸡终于伸出翅膀遮住了脑袋。

我打败了这只公鸡。无论是这只还是其他任何公鸡，都不会再让我感到害怕了。

在生命中，我们随时会遇到各种“公鸡”，因为生活中总是充满了多种可能。而正如莎士比亚提出的“生存还是毁灭”这个必答问题一样，面对困难，我们是该选择默默忍受，还是与之奋然为敌？

二者择一，必是后者！永远记得：只有无畏的战斗勇气，才能让生命焕发出夺目之光。

第五章　无私奉献是人生最美丽的风景

只要我们生活在爱的世界里，我们就能明白：爱的真谛就是付出，就是奉献。

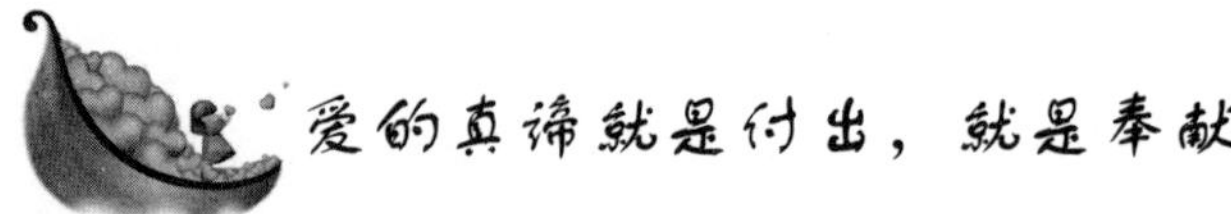

爱的真谛就是付出，就是奉献

我在我们这个小城的市中心教堂工作。一个名叫汤米的年轻人经常到教堂里来。他在一次事故中或某种打击下，导致大脑受损、身体残疾，但他努力像正常人一样说话和走路。然而，即使这样，他也总是在为他人服务。

今年圣诞节期间，我和我们的接待员都感到有些心力交瘁——无论是在工作方面（教堂里来了一位新牧师，再加上对教堂的工作人员来说，圣诞节就意味着许多额外的工作），还是在家庭方面（她有3个十多岁的孩子）。将注意力集中于圣诞节的真正意义上，已经变得越来越难了。

然而，汤米使我们走回了正轨。在我们的小城里，有许多智障人士家庭，汤米发现，在圣诞节期间，没有人为他们做任何特别的事。让这些人也能拥有一个美好的圣诞节，成了汤米努力的目标。怎样去做呢？他亲自挨家挨户地去城里的每间商店为他们募捐。尽管步履蹒跚、讲话吃力，但汤米仍然连续努力了好几天，终于使这些年轻人都度过了一个他们所能想象得到的最美好的圣诞节。汤米对像他一样的人付出的这种充满牺牲精神的、神圣的爱，使我们对圣诞节的真谛有了全新的认识，我希望这种爱能够鼓励所有人：圣诞节的真谛就是奉献，不在于礼物是否贵重，而在于这份礼物是否来自于你真诚的付出。愿上帝保佑你，汤米！

其实，不论是圣诞节，还是别的什么节日，抑或是平常的日子，只要我们生活在爱的世界里，我们就能明白：爱的真谛就是付出，就是奉献。

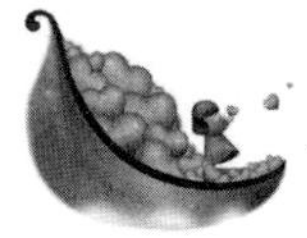

为他人着想，就是最了不起的人

这份工作我已经做了很长时间；我本以为情形会每况愈下。当然，我做的并不是什么体力工作，但以联邦政府代表的身份去挨家挨户地提问题，也并不是什么令人满意的工作；现在正是炎热的八月，而我却不得不打着领带。

“您好，我叫鲍勃·帕克斯。我们正在附近地区进行一项调查。”

“我对此不感兴趣！再见！”

你无法想象我曾听过多少次这样的话。最后，我终于找到了窍门，我以这种方式开始提问：“在您关门之前，我要告诉您，我并不是推销商品的。我只是想问您几个关于您个人和社区的问题。”

门槛里的那位年轻女子思索了片刻，她对我粗鲁的介绍方式有些困惑，然后她扬起眉毛，耸了耸肩。

“当然可以，进来吧。家里很乱，请不要介意。跟在孩子后面收拾，真的很难。”

那是贫民区里的一栋旧房子，收入低微的人在那里能够找到容身之所。这家人虽然很穷，但却过得很快乐，也很好客。

“我只是想问几个关于你自己和你家人的问题。虽然这听起来像是在打探个人隐私，但我不会用您的真名。这些资料将会被用于……”

她打断了我的话：“你要不要来一杯冰水？看起来你今天一定很辛苦。”

“哦，当然好！”我急切地说道。就在她拿着水回来的时候，一个男人走进了前门。那是她的丈夫。

“乔，这个人是来做调查的。”我站起来，礼貌地做了自我介绍。

乔又高又瘦；尽管我估计他只有20多岁，但他的脸看起来非常粗糙、苍老；他的手像皮革一样，这样的手一定属于体力劳动者，而不是握笔之人。她靠在他身上，温柔地吻着他的脸。当他们彼此对视的时候，你能够看得到使他们亲密无间的那种爱。她笑着摇了摇头，靠在他的肩上；他用手抚摸着她的脸，柔声说着“我爱你”。

他们可能并没有什么物质财富，但这两人却比我所认识的大多数人都更富有。他们拥有非常强烈的爱，这种爱可以使你在艰苦的境况中抬头挺胸。

“乔为社区工作。”她说。

“你是做什么工作的?”我问道。她跳了起来，不让他回答。

“乔是收垃圾的。你知道我非常为他感到骄傲。”

“亲爱的，我相信这位先生并不想听这些。”乔说。

“不，我真的非常想知道。”我说。

“你知道，鲍勃，乔是社区里最优秀的收垃圾的人。他在卡车上能够比其他任何人堆积起更多的垃圾。他一车就能收很多垃圾，因此他们就不需要跑那么多趟了。”她充满热情地说道。

“最后，”乔补充道，“我为社区节省了钱，工时减少了，每辆卡车的成本也降低了。”

一阵沉默。我不知道应该说什么。然后，我摇了摇头，找到了该说的话：“真令人难以置信！大多数人都会为这样一份工作而感到苦恼的。这的确是一份艰苦的工作，但你的态度真令人惊异。”她走向了沙发旁边的一个架子，转回身来的时候，她的手里拿着一个里面镶着一张纸的小相框。

“在我们有了第三个孩子的时候，乔失去了他的工作。我们有一段时间都处在失业的状态，后来甚至靠社会福利生活。他到处都找不到工作。然后，有一天，有人让他到这个社区来面试。他们给他提供的就是他现在的这份工作。那天回到家的时候，他沮丧而羞愧地对我说，这是他能做到的最好结果了。实际上，他的薪水还不如我们得到的社会福利多呢。”

她停顿了片刻，然后走向了乔。“我一直都为他感到骄傲，并且永远如此。你知道，我认为不是工作造就了人，我更相信是人成就了工作!”

“为了在这个社区工作，我们需要住在这里，因此我们租了这栋房子。”乔说。

“我们搬进来的时候，这句名言就挂在门里的这面墙上。它对我们来说，可谓意义非凡，鲍勃。我知道乔做的是正确的事。”说着，她把那个相框递给了我。

那张纸上写着：如果一个人注定要做一个清道夫，那么，他扫街时就应该像米开朗基罗在作画，贝多芬在作曲，或者是莎士比亚在写诗一样。他应该扫净街道，以使天上和地下的主人都不得不停下来说：“这是一个尽职尽责的了不起的清道夫。”

“我爱他，是因为他的为人。但无论他做什么，他都做到了最好。我爱我的清道夫！”

工作不分贵贱，无论身处任何岗位，只要你全心投入、恪尽职守，并能够真心为他人着想，那么，你就是最了不起的人，你所做的就是最高贵的工作。的确，不是工作造就了人，而是人成就了工作。

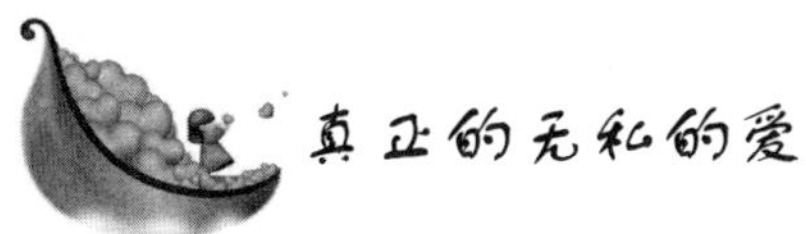

真正的无私的爱

我妻子对我喊道：“你还有多久才能看完报纸？来让你的宝贝女儿吃饭，好吗？”

我把报纸扔到一边，冲到她们身旁。我唯一的女儿辛杜看上去有些害怕，泪水在她的眼中打转。她的面前放着满满的一碗酸饭。

辛杜是一个好孩子，在她这个年龄的孩子中，她算是非常聪明的，她很快就满 8 岁了。

她非常讨厌酸饭，但我的母亲和妻子都是思想非常守旧的人，她们坚信酸饭有“清心败火”的作用！我清了清喉咙，拿起了那碗饭。

“辛杜，亲爱的，为什么你不吃几口酸饭呢？就算是为了爸爸，好吗？如果你不吃的话，你妈妈就会冲我叫嚷。”

我能感觉到妻子在我背后对我怒目而视。辛杜看起来已经好多了，她用手背擦去了泪水。

“好的，爸爸，我会吃的，不只是几口，而是满满一碗。但是，你能不能……”她犹豫了一下，“爸爸，如果我把这一整碗酸饭都吃了，无论我要什么，你都会给我吗?”

“哦，当然，亲爱的。”

“你发誓?”

“我发誓。”

我把手盖在她伸开的粉红色的柔软小手上，和她达成了这笔交易。

“让妈妈也同样发誓。”我的女儿坚持说道。

我的妻子和辛杜击了一下掌，冷冷地咕哝了一句“我发誓”。

现在我有点担心了。

“辛杜，亲爱的，你不能坚持要电脑或任何昂贵的东西。爸爸现在没有那么多钱。好吗?”

“不，爸爸。我不想要任何昂贵的东西。”

辛杜缓慢而又痛苦地吃完了那一整碗酸饭。对于妻子和妈妈强迫我的女儿吃她讨厌的东西的做法，我暗自气恼不已。

痛苦的折磨结束之后，辛杜来到我面前，充满希望地睁大了眼睛。我们所有人都注视着她。

“爸爸，这个星期天我想把头发剃掉!”这就是她的要求。

“真是骇人听闻!”我的妻子叫道，“一个女孩子剃光头发?绝不可能!”

“这是在我们家从来没有的事!”我的母亲生气地说道，“她的电视看得太多了。我们的文明全被这些电视节目给毁了!”

“辛杜，亲爱的，你不能要求别的事吗?看到你的光头，会令我们非常难过的。”

“不，爸爸。我不想要别的。”辛杜斩钉截铁地说。

“求你了，辛杜，为什么你不试着体会一下我们的感觉呢?”我尽力地恳求她。

“爸爸，你刚才看到了，吃下那碗酸饭对我来说有多困难。”辛杜含泪说道，“而且你发誓答应我的任何要求。现在，你却打算食言。不是你给我讲的哈瑞希昌德拉国王的故事吗?故事告诉我们，无论如何，一定要遵守自己的承诺。”

该到了我拿主意的时候了。“我们一定会遵守承诺的。”

“你疯了吗？”我的母亲和妻子齐声说道。

“不，我没疯。如果我们食言的话，她就永远也学不会遵守自己的承诺了。辛杜，你的愿望一定能实现。”

剃掉头发之后的辛杜看起来脸圆圆的，眼睛又大又漂亮。星期一早晨，我开车送她去学校。

看着我那没有头发的女儿向教室走去，真是令人难忘的情景。辛杜转身向我挥手道别，我也微笑着向她挥了挥手。

就在那时，一个小男孩儿从一辆车上下来了，他大声喊道：“辛杜，等等我！”

令我感到吃惊的是，那个小男孩儿也没有头发。我想，或许现在的孩子流行剃光头。

“先生，您的女儿辛杜真是太了不起了！”

一位女士从那辆车中走出，她没有做自我介绍，而是继续说道：“和您的女儿走在一起的那个男孩儿是我的儿子哈里希。他患有白血病。”说到这里，她停下来，用手捂着嘴抽泣了起来。“哈里希上个月整整一个月没能来上学。化疗的副作用使他的头发都掉光了。他不想回到学校，因为他害怕同学们无心但却残忍的嘲笑。上个星期，辛杜去看望了他，并向他承诺，一定不会让他受到嘲笑。然而，我绝没有想到，她竟会为了我的儿子而牺牲了她可爱的头发！先生，您的女儿拥有如此高尚的心灵，您和您的妻子真幸福。”

我呆呆地站在那里，不禁热泪盈眶。

“我的小天使，你教会了我什么是真正的无私的爱！”

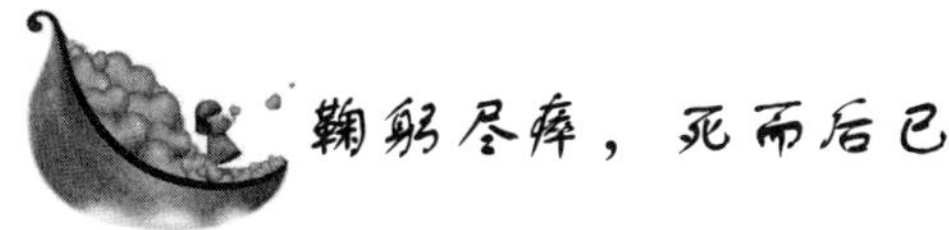

鞠躬尽瘁，死而后已

高耀洁，河南大学医学院毕业，河南中医学院第一附属医院退休教授。年近 80 岁的高耀洁如今已经是一位步履蹒跚、腰背佝偻的

老人，但她在实现“但愿人皆健，何妨我独贫”的民间防治艾滋病之路上却迈着坚定的脚步。面对防治艾滋病工作。高耀洁的回答只有八个字：“鞠躬尽瘁，死而后已”。

高耀洁说：“我心里明白，到了我这个岁数，马上就干不动了，我只希望在有生之年，能够看到有更多的人参与到‘抗艾防艾’的工作中来，因为艾滋病病人也是人，他们需要社会的理解和帮助……”

高耀洁自1996年开始自费进行艾滋病预防和救治工作。已经走访了河南100多个村庄，见到1000多个艾滋病患者。把自己的全部收入都用在了艾滋病防治上，家里仅有的一台电脑还是别人捐赠的。从2000年开始她将主要精力放在对艾滋遗孤的救助方面，至今已花费8万多元，无偿资助了164名艾滋病孤儿。

高耀洁有“中国民间防艾第一人”之称，多年致力于防治艾滋病的工作，曾先后获得联合国颁发的“乔纳森曼卫生及人权奖”和有“亚洲诺贝尔奖”之称的“麦格赛赛公共服务奖”。

面对艾滋病孤儿一双双无助的眼睛，本已弱不禁风、应该颐养天年的高耀洁爆发出了巨大的生命能量。但她是母亲、是医生、是艾滋病人心头的阳光，她还在继续宣传、写书，并抓紧时间想办法解决孤儿的“生存问题、教育问题和心理问题”。

高耀洁老人在人生理想的道路上迈着坚定的脚步，她以渊博的知识、理性的思考驱散着人们的偏见和恐惧，她以母亲的慈爱、无私的热情温暖着弱者的无助冰冷。她尽自己最大的力量推动着人类防治艾滋病这项繁重的工程，她把生命中所有的能量化为一缕缕的阳光，希望能照进艾滋病患者的心间，照亮他们的未来。

艾滋病人群体是目前社会一个比较特殊的病人群体，整个社会对这个群体应给予足够的关爱和帮助，使他们有重新生活和面对人生的勇气，而不能排斥或瞧不起他们，甚至有少部分人谈艾色变，这是一种不正确的对待方式。其实，只要合理地防治，艾滋病患者并没有想象中可怕。

艾滋病人也是社会的一部分，他们理应受到社会的关怀，使他们感受到社会大家庭的温暖。如果我们身边有朋友或同事患有艾滋病，一定要以积极的心态去面对对方。让我们的关怀成为一缕缕阳光，去消除那些艾滋病人心中的阴影。

高擎爱的火炬

濮存昕是一位在艺术创作上取得显著成就的中年演员。他以其在话剧舞台上和影视片中成功塑造众多深受广大观众喜爱的艺术形象而获得广泛好评，为丰富广大人民群众文化生活、繁荣首都文艺舞台和精神文明建设做出了突出贡献。他是国家一级演员，院艺术委员会委员，中国戏剧家协会理事，第十届全国政协委员。

濮存昕说：“恐惧和歧视是人类对艾滋病的本能反应，但它必将被科学、健康的理念与心态取代。……对于艾滋病人，我们不要害怕，也不要有歧视。”

濮存昕以雷锋为榜样，坚持党的全心全意为人民服务的宗旨，热心社会公益事业，积极参加志愿者服务工作，不计名利，无私奉献。

近年来，他先后出任了中国预防艾滋病义务宣传员、北京市禁毒义务宣传员、北京市无偿献血义务宣传员，放弃影视拍片和个人休息时间，奔波于医院病房、戒毒所、血站和募捐活动所，进行义务宣讲，参加无偿献血，慰问艾滋病患者，看望戒毒人员，为推动艾滋病预防工作、禁毒工作和无偿献血工作而倾注全力，奉献一片爱心。

濮存昕是遏制艾滋最模范的形象代言人。2000 年，受卫生部之邀担任预防艾滋病宣传员以来，他呼吁全社会“携手远离艾滋病，倾心关爱不幸者”。而他自己也从一个对艾滋病一无所知的门外汉，成为一个“艾滋病通”，为预防艾滋病的宣传工作不遗余力，以孜孜不倦的工作态度实践着自己对公益事业的承诺。

濮存昕认为，艾滋病患者无疑是社会上的弱势群体。他们需要更多的温暖和关怀，社会应该给予他们更多的关注和帮助。其实，从某种意义上讲，对艾滋病人的态度，标志着一个国家的文明程度。“我们都应该感谢生命，尊重生命”。

作为一个热血男儿，不仅是冲杀在战场上的保家卫国，而关注社会公益事业，同样是勇敢承担社会职责的一种表现方式。濮存昕为我们做了一个非常好的楷模，他是大家熟知的影视明星，可他同样也是预防艾滋病的宣传工作者，他用自己的实际行动告诉世人，只要我们消除掉心底的阴影，艾滋病患者并不可怕。

义务献血同样是一项应该大力推广的社会爱心行动，也许你我的一滴血，却能在关键时刻挽救另一个生命。我们应从自身做起，积极献血，为社会贡献自己一份微小的力量。

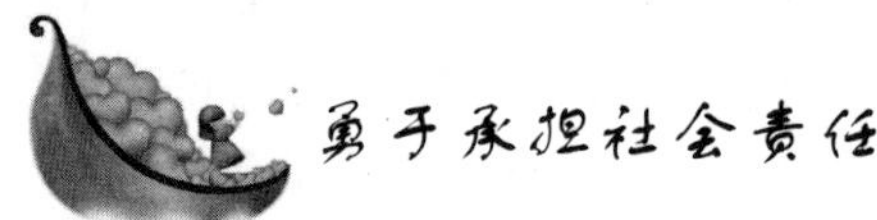

勇于承担社会责任

许金和，福建众和股份有限公司董事长、民建莆田市委副主任。

许金和说：“福利企业是社会的企业，更应勇于承担社会责任。”

1987 年，在党的富民政策感召下，他创办了莆田市民政福利印染厂。1992 年，成立了福建众和集团有限公司，后改制为福建众和股份有限公司。创业十多年来，从未忘记创办福利企业的根本宗旨，把安置残疾人、支持残疾人事业作为己任。

在优先安置残疾人就业的同时，许金和更没有忘记社会上还有更多的弱势群体需要帮助。当他获悉莆田市残联筹建残疾人康复中心，莆田仙游县建福利院、精神病人疗养院的消息后，亲自驱车将30 多万元捐款送到基建工地：笏石卫生院开展的白内障复明手术室缺少设备，他送去空调一台，现金 1 万元；市康复中心举办聋儿语训班，他送去桌椅、床铺、衣服；聋哑学校举办盲人班，他送去手风琴、电子琴；东庄镇残疾人徐玉珍的儿子患肾病。需要做换肾手术，眼看这个家庭唯一的劳动力就要倒下了，一家人悲伤不已。这时，许金和拿着 8 万元的救助金登门拜访，及时为他们解决医疗费用……这样的事迹不胜枚举，当地的群众都把他称为“残疾人的福

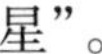

星”。

他先后以公司或个人名义，热心捐资400多万元支持社会福利事业、公益事业及教育事业。他连续七年定点挂钩扶持农村贫困家庭56户，每户平均资助1.2万元；为残疾人捐资达200多万元；捐资35万元为联星小学建设新校舍；出资17万元修通了村里的水泥路，出资21.8万元架起了2公里长的路灯：为1998长江抗洪、抗非典等捐资近60万元；为莆田市公共事业建设捐资80多万元。

2000年5月，被国务院残工委授予“全国志愿者助残先进个人”称号：被国务院授予“全国劳动模范”称号。中国残疾人联合会主席邓朴方到公司视察时，欣然为他题词：“多作贡献，回报社会”，这是他支持社会公益事业的真实写照。

也许你是一个身体健康四肢健全的人，可是你有没有想过，这个世界上还有许多先天或后天由于某种原因造成的残疾人群。由于身体的某种缺陷，他们渴望着社会真诚的关怀和帮助。

支持残疾人是我们每一个健康人应该付出的一份爱心。如果我们身边有一位残疾人，我们一定要尽可能地照顾对方，工作上减少他的负担，生活上给他以帮助。比如他是一位跛子，我们可以伸出双手，搀扶对方过马路，在他进出门的时候，可以帮他开关门之类，让他感受到别人对自己的关怀之情。

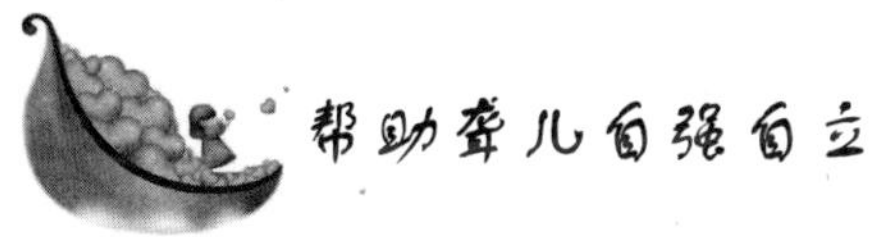

帮助聋儿自强自立

杨钝，陕西省米脂县人。榆林市聋儿语言康复学校校长。

杨钝说：“如果儿子不失聪，我会像其他乡村教师一样，教书育人，平平淡淡地过一辈子。是失聪的儿子改变了我的后半生，使我成为一个教聋哑孩子说话的老师。”

从1977年开始，杨钝以自己的聋儿为观察对象，研究总结出一套音素分解组合语训法和聋哑儿童使用普教课本与正常儿童同步进度教学法。试教成功后，杨钝将成果无偿奉献给聋儿康复事业。

从门诊咨询、举办聋儿语训班、家长函授班到动员和训练志愿者，生活费用全部由她承担，除了执教，还得照顾幼龄孩子的生活起居，原来的民房不够用，便利用闲置民房和庙宇群创办起了榆林聋儿语言康复学校，在聋儿中普及九年义务教育和 1～3 年职业技术教育，在国际上受到关注和好评。21 年累计免费义务收训聋儿 400 余名、家长 98 名，还为省内外 10 多所聋哑学校培训过师资。

在校的学生常年保持在 60～80 人之间。其中最大的已经十八九岁，最小的仅有 3 岁。为帮助聋儿能够自强自立、回归主流社会还办工厂办农场，让他们在职业技术教育结业后有个集中就业之所，使他们在自己熟悉的环境中生活、工作，直到完全战胜自己。

1993 年，杨钝受到国务院 11 个部委的联合表彰；1995 年被评为陕西省十大女杰之一。2002 年，榆林市人民政府残疾人工作协调委员会授予她创办的康复学校“残疾人之家”称号。

我们生活在一个充满了音乐和欢快的世界里，无数种声音汇聚成一种美好的旋律，是那么的和谐和美妙，孩子们朗朗的读书声，天空飞翔小鸟的歌唱声，大自然的风声雨声……可是，这一切，却阻挡了一个特殊的人群，那就是聋哑人。

帮助和关爱聋哑人是每一个社会人都应该去做的事情。那些聋哑人的心灵里，其实有着一片色彩斑斓的美好世界，中央电视台曾经编排过一个表演剧目《千手观音》，那些漂亮的女孩子们据说都是哑巴，她们打着手语，向世人展现着她们自立自强和美丽的另一面。关爱聋哑人，用我们的心灵与他们沟通。

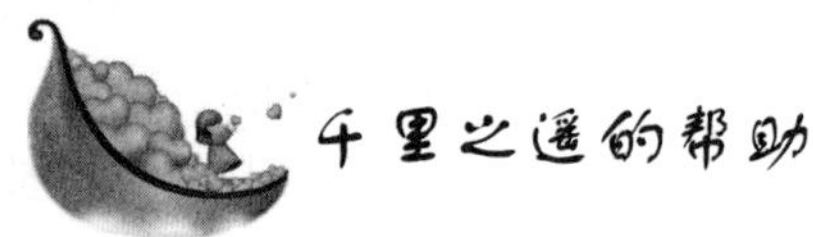

千里之遥的帮助

李新华，唐山金属屋顶安装有限公司董事长，兼任自力更生残疾院院长。

“千里之遥的帮助，永生难忘的幸福。”一个残疾人在送给自力更生残疾院的一面锦旗上写的话。

李新华在文化大革命中受冤致残，但他身残志坚，致富后不忘回报社会。1987 年，他向唐山市老干部活动中心捐款 2 万元；1994 年向丰润县高各庄敬老院捐款 2 万元。

2001 年，李新华自投资金 150 多万元创建唐山市丰润区残联“自力更生残疾院”，无偿收养无依无靠的老弱病残人员。该院占地面积 7000 多平方米，建筑面积 4000 多平方米，可容纳 120 位残疾人。院内建有宿舍、卫生间、娱乐室、学习室、医务室等。现已收养 16 名全国各地的残疾人，除负责他们吃、穿、住、每人每年 3000 元医疗费补贴外，还给他们补习文化课、教会他们生活技能。入院的残疾人都喊出肺腑之言：是李新华让我们享了福。

李新华通过供养残疾人的实践体会到，供养只是慈善之举，从长远看，供养不如变为培养残疾人，让更多残疾人具备通过自己的双手创造财富和幸福的能力。他找到了市、区残疾人组织说了他的想法，得到了肯定。

2002 年，他在原自力更生残疾院的基础上，又投入 20 万元进行了改造和扩建。从原占地面积 7000 平方米，扩建到 10000 平方米，从单一的收养残疾人变成了丰润区残疾人培训基地，走以“培训技能残疾人为主、供养残疾人为辅”的路子。

由于李新华的突出贡献，党和政府给予了他很多荣誉。1987 年，唐山市老干部局授予李新华“公益事业先进人物”称号；至今，已多次被唐山市政府评为“助残模范”。

残疾人是社会一个特殊的群体，由于身体的某种缺陷，残疾人往往生活得比较艰辛。为了使残疾人感受到社会大家庭的温暖和关怀，我们应给予残废人一定的关爱和照顾，让更多的残疾人能够通过自己的双手创造财富，感受到人生的乐趣。

我们平时在生活中，一定要多多帮助身边的残疾人，尽可能地给他们提供各种工作的机会，对于他们的缺陷，千万不能嘲笑，而要鼓励对方站起来，身残志不残，像轮椅上的张海迪一样，勇敢地去面对新的生活。

为病人送去关怀和温暖

刘振华，第40届南丁格尔奖获得者，从事麻风病专科护理28年，现任山东省济南市皮肤病防治院住院部主任。

刘振华说："我要用毕生精力为麻风病人服务。"

在她眼中，麻风病人就如同自己的父母、兄弟、姐妹。她经常自费买来牛奶、水果，熬好鲫鱼汤、乌鸡汤等营养品送给病人。有一位病人偶然说起想吃馄饨，她就从家里做好带到病房煮给病人吃。她把政府和医院奖励的15000元奖金全部花在病人身上，夏天吃上凉爽的西瓜，冬天穿上温暖的衣服，床上有了崭新的被褥。年老身残的麻风病人身边没有任何亲人，吃喝拉撒只能依靠医护人员。为病人洗脸、洗脚、洗衣服、翻身、剪指甲、喂饭，对刘振华来说，这都是常事。

有一次，80多岁的一位病人腹痛、腹胀，已经七天没有排大便了，刘振华决定为他做灌肠，由于老人肛门括约肌松弛，灌肠液顺着肛门往外流淌，她马上手拿纱布为病人堵住肛门，松手后大便与灌肠液一下子喷出来。喷得她满身都是。旁边的病人感动地说："就是亲生女儿也没这么孝顺啊！"这就是刘振华，一个普普通通的护士，像这种事例不胜枚举。

刘振华对病人无微不至的关怀。为她赢得了患者的信任和爱戴。由于疾病和历史原因，大多数住院病人很少过生日，刘振华主动了解病人们的生日时间，带领全体医务人员给病人过生日，使病人犹如生活在温暖的大家庭中。

谈麻色变如今依然存在，麻风病人受歧视屡见不鲜，来自社会的、家庭的，致使病人悲观失望厌世，是刘振华给了他们重新生活的信心和勇气。她说："病人得了这个病已经很惨了，来自一些人的歧视让他们产生了逆反心理，其实他们更需要关爱、理解和尊重。"可是，连麻风病医务工作者们都受到不公正的待遇，上门为麻风病

人送药治疗有时都遭到冷遇，甚至家属冷面相对、拒绝登门，很多人一听说在麻风病医院工作则敬而远之，唯恐避之不及。但这丝毫未能动摇刘振华为麻风病人服务的决心，这就是一名护士的高风亮节。

如果我们是一名医护人员，面对麻风病人，我们一定要以刘振华为榜样，用自己的实际行动，发扬救死扶伤无私奉献的精神，弘扬人道、博爱、奉献的红十字精神，不断提高专业水平和服务质量，在自己的平凡岗位上做出不平凡的贡献。

我们还要以刘振华为榜样，学习她全心全意为病人服务、刻苦钻研护理技术、坚持诚实守信、履行职业道德规范的高风亮节，学习她那种“燃烧自己，照亮别人”，心里始终装着病人，忘我敬业的工作精神，把真诚的爱心，无私地奉献给每一位病人，为保护生命，减轻病人的痛苦和促进人类健康事业奉献出自己的青春和热血。

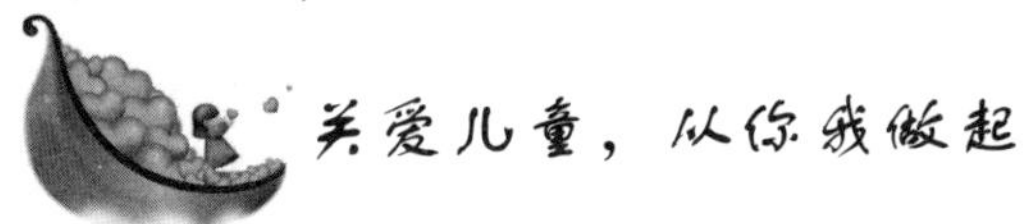

关爱儿童，从你我做起

比尔·盖茨在一次访谈中说：“如果认为我是为了纠正‘发达国家的人都很吝啬’这句话，那就错了。我没有任何政治目的，只是想让非洲儿童过得好一些。”

2005 年 12 月 18 日，美国《时代》周刊公布，微软公司总裁比尔·盖茨夫妇和著名摇滚乐队 U2 主唱、社会活动家波诺当选《时代》“年度人物”。比尔·盖茨夫妇和波诺分别因巨资捐助疟疾治疗和组织参与“现场八方”音乐会等慈善活动而荣膺《时代》“年度人物”称号。

“突如其来的灾难往往能登上各媒体的头条，但日复一日许多本可避免的悲剧却乏人问津。在非洲，每隔 29 秒就有一名儿童死于疟疾；全球每隔 6.4 秒就有一人感染艾滋病毒；每年有近 800 万人因贫穷饥饿而悄然死去。那么谁是被证明在根除这些人为灾难方面最富有成果的人呢？他们是比尔·盖茨和他的太太美琳达·盖茨，盖茨夫妇资助建立世界上最慷慨的慈善机构以及爱尔兰摇滚乐手波诺，他使减债看起来也那么性感。”《时代》周刊执行总编吉姆·凯利写道。

《时代》指出，盖茨夫妇“在一年中捐钱的数量与速度无人能及。”2005 年 1 月，他们通过比尔及美琳达·盖茨基金会出资 7.5 亿美元，帮助儿童接种免疫针，开发研制新的疫苗。两人于 2000 年 1 月建立了比尔及美琳达·盖茨基金会。基金会名下总资产额近 270 亿美元，是世界上最大的慈善基金会，为美国著名的“洛克菲勒基金会”的 10 倍、“福特基金会”的 3 倍。该基金会的关注领域是教育、全球健康，致力于改善公共图书馆和帮助处于危机中的家庭。

波诺是当年扶贫音乐会的组织者与参与者，这场全球 9 个城市接力举行的音乐马拉松至少吸引了全球 20 亿观众，波诺用音乐呼吁减轻第三世界的债务负担。

“在波诺魅力与正义感的‘威胁’之下，世界上最富有国家的首脑们终于同意减免最穷国家 40 亿美元的债务。”《时代》评价道。

一名患有疟疾的儿童是可怜和值得同情的，面对这个世界，他们是那么的无助。我们在生活中，应该时刻拥有一颗同情的心灵，对那些不幸患上疾病的儿童，应该奉上自己一颗无私的爱心。

虽然我们不能像比尔·盖茨一样用巨资作为赞助，但我们同样可以捐出自己哪怕一元的零花钱，要知道聚少成多，同样也能为对方带来帮助。如果整个社会都能积极地行动起来，那些面临病痛和死亡的儿童不是能够看到新的希望了吗？星星之火可以燎原，滴水可以汇成江河，关爱儿童，从你我做起。

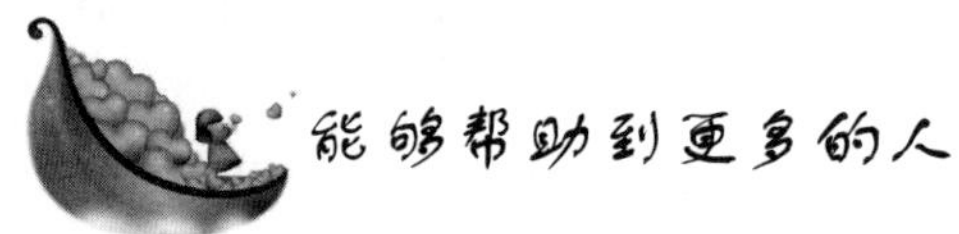

能够帮助到更多的人

朱常青，上海市第二工业大学副教授。

朱常青说：“我一个人去帮助他们不现实，这样就需要一个机构，不光是病友，我们的专家、科研工作者团结起来，能够帮助到更多的人。”

朱常青不幸患了神经肌肉疾病，被形象地称为“渐冻人”。她虽以较高分数通过了博士生的考试，却因肌病未能进入研究生的行列。朱常青从绝望中奋起，开始与命运抗争。没法跨上公交车，就垫着小板凳上；无法在黑板上写字，就把板书内容先制成光盘和灯片；走路跌倒了，爬起来再走。

2002年起，朱常青踏上了“呼唤关爱肌病患者，加快攻克世界难题”的拓展之路。她查阅了国内外大量研究资料，与国外的神经肌肉疾病协会建立联系，寻求关爱肌病患者的经验；与专家一起，举办了三次“中国神经肌肉疾病专家、病友、家属恳谈会”。自费开设了全国唯一的一家肌病网站，病友们亲切地称她为“朱总坛主”。自费赴加拿大参加“国际残疾人论坛”和“日本肌病协会会议”。走街串巷探望病友，帮助他们解决就业、升学、申办残疾证、低保等问题。奔波于有关部门，反映广大肌病患者的疾苦。著名神经科专家、吕传真教授对她的工作予以赞扬和肯定；市肢协组织酝酿成立“肌病康复工作委员会”；大学生志愿者主动参与社会调查。

从发病到现在十多年的时间，为了推动中国神经肌肉疾病治疗、研究及相关事业的发展，朱常青孤身一个人进行过几十次的万里之行，走遍上海、北京、香港、东京、温哥华、悉尼……

开设网站所有的前期投入和后期维护，都靠朱常青自己微薄的积蓄，全职的工作人员只有她一个，有时一天仅睡眠五小时。目前，网站的访问量已超过20万，形成了一个初具规模的肌病信息资料库。朱常青还在网上开展了征文活动，鼓励病友自强不息。组织大陆病友参与首次全球“渐冻人日”，把国际上最新的研究成果告诉患者。

为帮助患者解决康复治疗困难，她开展募捐活动，帮助特困肌病小患者顺利入学，同时对不能上学的患者送教上门。

神经肌肉疾病是一种并不常见的病例，但在医学上，还有许许多多我们普通人叫不出名字的病症，面对这类病人，我们应该给予他们关怀和温暖，帮助他们树立起重新面对新生活的勇气。

给他们的帮助，我们可以从精神和物质两个方面入手。精神方

面；我们要尽量使他们自强不息，与病磨勇敢地做斗争；物质方面，我们可以奉献一份爱心，进行募捐活动，使他们的医疗费用能够有所保障，以便身体能更好地得以恢复。

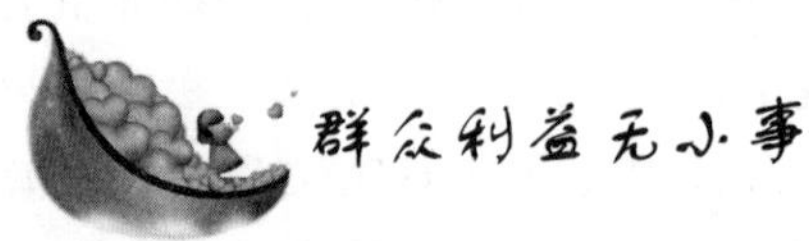

群众利益无小事

郝满贵，内蒙人，内蒙古自治区公益事业协会会长。

“一个人，倾家荡产，房无一间，地无一垄，以豪迈的人生，构筑了一座大城。”人们是这样评价郝满贵的。

1993 年至 1997 年在一家残废人单位工作，5 年中有 3 年没领单位一分工资，全部资助残废人，剩余两年的工资也很少拿回家中，大部分资助残废人，每月仅领取生活费 200 元；1999 年下半年创办内蒙古自治区公益事业协会并担任会长。1999 年至 2000 年没领一分工资，还将自己的个人积蓄 3 万元作为公益事业协会开展工作的经费。为当地救：灾、敬老、扶贫济困等工作做了较大贡献。

协会成立以后，郝满贵积极与有关部门联系，在市政府有关部门的大力支持下，积极筹措资金买回了一辆油污车，制作了三个简易厕所，解决了部分市民上厕所难的问题，此举受到了社会的广泛好评。

1998 年，协会向东北受水灾的地方捐艾条 13100 支，为了存放捐的艾条，他家唯一的一个木箱也捐给了灾区，共计 2 万多元。1998 年春节，协会向攸攸板乡敬老院送白面 11 袋，衣服 14 套。1999 年向呼市地区捐送义诊卡 4 万张，合人民币 3. 2 万元。他联合 75 家医院诊所，开展“公益义诊”，通过义诊卡的形式向社会提供医疗免费服务，价值 1571 万多元。

一个小学教师的丈夫去世，她上要供养 80 岁的老母，下要供两个正在上大学的孩子。郝满贵对此非常同情，就协调呼和浩特信誉佳电信工程有限责任公司、呼市高等级公路管理处察素齐收费所、当地驻军 6016 部队等单位进行救助，直到问题解决。

于阳同学患耳聋病，手术费一次要花 16 万。父母东凑西借，不能解决。郝会长接到上报材料马上协调呼市第一医院、呼市第二医院、呼市防疫站三家捐助 1 万多元。热线开通以来，郝满贵已协调解决了 32 名孩子的学费。

我们生活在这个世界上，每天都会有许许多多的事情发生。有时候，灾难和不幸会降临到我们身边，面对这些灾难，我们要向郝满贵学习，把群众和他人的利益摆在最前面，时刻为他人着想。救灾、敬老、扶贫济困等，这些都是我们应该积极参与的。

假如我们身边有一位年迈的老人，我们可以从实际情况出发，平时帮助他购买物品，照顾他的起居生活，还可以陪他聊天解闷，帮助老人安度晚年。假如身边有人不幸遭到天灾人祸，我们可以主动地帮助对方战胜困难，渡过难关，有钱出钱，没钱出力，使对方重新面对新的生活。

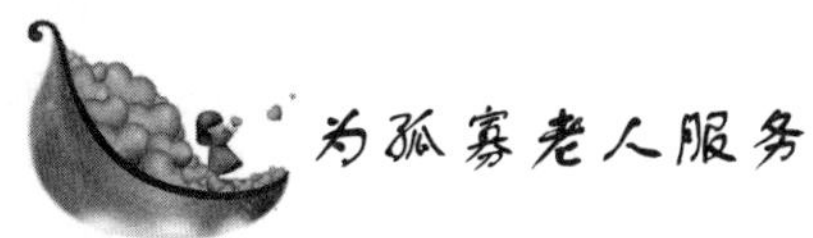

为孤寡老人服务

司堃范，退休前任北京朝阳医院外科护士长。

司堃范说："谁都有老的那一天，希望大家赶快行动起来，多为孤寡老人和'空巢'老人尽一份爱心吧！"

退休后的司堃范放弃了高薪聘请，毅然决定将护理工作由医院转向社区、转向家庭。曾获得第三十届国际红十字会颁发的南丁格尔奖章。

退休第二天就到街道办事处和居委会将自己志愿为社区内孤寡老人服务的想法作了汇报。她骑着自行车，挨家逐户楼上楼下地走访，用了整整三天，摸清了该社区需要提供服务的孤寡老人的情况。这些老人几乎都有这样或那样的病痛。她为这些老人一个个地建立了病历档案。

十几年来，司堃范从不间断地照顾着 29 位孤寡老人，累计上门护理达 6200 人次，为这些孤寡老人减轻了病痛，充实了生活，增添

了欢乐，延长了寿命。用自己的劳模津贴约8000余元为孤寡老人买药。为孤寡老人检查身体、买药送药，陪护到医院治病，聊天做思想工作等。司堃范是一位细心人，在热情为孤寡老人进行康复护理的同时，很注意观察了解老人的心理状况。她从多年护理经验中深感老年人的孤独比疾病更危害身心健康，心里的疼痛比身体的疼痛更难忍受，更难治疗。为此，她就把身体护理与心理护理有机结合起来去做。

有一天，司堃范看到陈大娘躺在床上发愣，经检查血压脉搏都还正常，司垄范在与老人聊天中得知，老人20多年前失去丈夫，自己又没儿没女，不如趁现在还没瘫，自己把自己弄死算了。司垄范对她说："你血压偏低，不会偏瘫的，有病不怕，我来照顾。"从此，她们成了知心朋友。

用诚心消除孤寡老人的疑虑、用热心驱散孤寡老人的心病、用爱心减轻孤寡老人的病痛折磨、用心血浇灌志愿者之花茁壮成长。在她先进事迹的鼓舞和积极倡导下，社区志愿者队伍由原来不足10人发展到目前的150多人，使社区精神文明之花越开越艳。有句古诗称："晚年唯好静，万事不关心。"这是一些人尤其是老年人的养生之道。而退休后的司堃范的说法、做法恰恰相反，她是奉献余热，温暖他人。

每个人都会有年老的时候，每个老年人同样有着他年轻的过去。尊敬老人是整个社会应树立的良好风尚。由于年龄的原因，相比较起自己的壮年来说，老人总是显得手脚不便，或体弱多病，他们需要的，不仅仅是物质上的关怀，更需要精神上的安慰。

为孤寡老人服务是我们应该向社会奉献的一份爱心，面对这个群体，我们不但应该在物质上多多帮助他们，给他们送去需要的食品，同时也可以抽出一些业余时间，陪他们聊聊天，拉拉家常，让他们的精神充实起来。

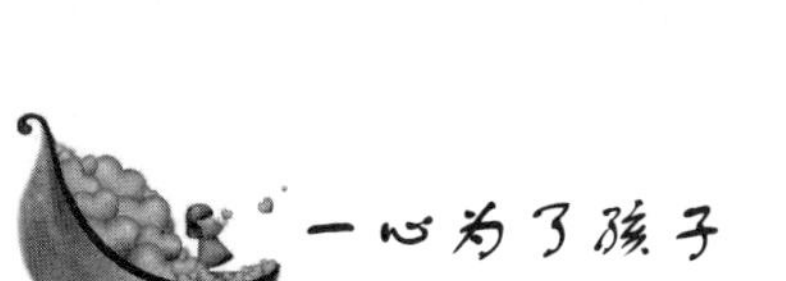

一心为了孩子

王遐芳，解放军总参离休老干部，二级甲等残废，1965 年离休。

王遐芳说：“我走遍了半个中国的贫困地区，从山里学童极度企盼的眼睛里，我看到了他们的渴望，感到了自己身上的无形责任。”

离休后的王遐芳，始终以关心革命后代为己任，从事公益活动近 40 年。他先后担任全国多所小学校外义务辅导员，对学生进行革命传统教育，后来主要投身希望工程事业。云南寻甸回族彝族自治县是国家级贫困县，1997 年身为希望工程全国监察委员的王遐芳来到云南寻甸考察，四天的时间他先后走访了 4 个乡镇。

通过走访了解到，这个长征路上的边陲小县，人口不多，却有 3000 余名失学儿童，许多乡镇人均收入只有一百多元。他首先想要帮助寻甸的孩子们建立希望小学，他苦思冥想筹资方案，想到了就开始实施劝募，在方方面面的支持下，筹资活动开展顺利，他先后动员了五个省市万余名学校师生、部队官兵、工厂职工和社会名流，慷慨解囊献爱心。

王遐芳先后为云南寻甸自治县募捐两所希望小学，两台价值 20 万元的豆浆机，20 多台电脑，数千册图书，数万元衣物文具等学习用品。自己还结对救助了 13 名失学儿童。1998 年的洪水灾害，王遐芳为湖北、湖南灾区募捐 10 顶帐篷，并亲临灾区搭建了两所帐篷希望小学。在王遐芳的身上体现出的“身残志更坚、一心为孩子”的奉献精神，永远值得人们学习和铭记。

由于家境困难，目前我国还有许多地区的孩子得不到最基础的教育，他们上不起学。为了帮助这些孩子上学，许多人奉献着自己一颗火热的爱心。

在现实生活中，我们可以通过许多种渠道帮助这些贫困儿童，比如为他们慷慨解囊，募捐款项。同样，也可以捐出自己曾使用过的书籍或文具之类，以解他们的燃眉之急。也许我们捐出的一元钱，却能为贫困山区的一所希望小学多增添一块砖和瓦。

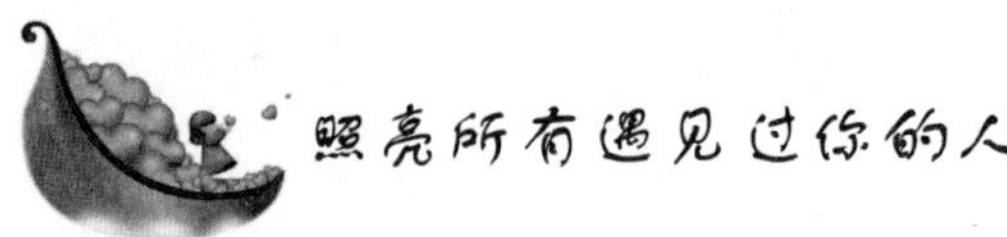

照亮所有遇见过你的人

生活给了我们每个人同样的快乐，不同的是，有些人快乐的灯是亮着的，而有些人快乐的灯是灭着的。亮灯的那些人，他们知道快乐不仅需要拥有，还要学会发现，学会感知，而只有点亮心中的一盏盏灯，才能看清快乐的模样。不然，就只能在黑暗中抱怨快乐对自己的吝啬。

一位老人步履维艰地走进餐馆，他穿着一件破外套，裤子缝满了补丁，鞋子也早已磨破。他的头向一侧倾斜着，还有些驼背，他每走一步都要靠在拐杖上停一下。

最引人注目的是他那双苍老的蓝眼睛，闪烁着钻石一样的光芒，他的脸颊红润，薄薄的嘴唇紧闭着，脸上总带着微笑。

老人停下来，转过身，向坐在门口的一个小女孩儿使了一下眼色，她心领神会地笑了笑。而后他朝着窗户旁的那个座位蹒跚地走去，这时一个名叫玛丽的年轻女服务员看见了他。

玛丽跑过去，对老人说："先生，让我来扶您就座。"

老人没有说话，只向玛丽笑了笑并连连点头对她表示感谢。玛丽一手拉出桌旁的椅子，一手把老人扶到椅子跟前，等老人坐好后，她又把桌子向老人身前推了推，然后把拐杖放到桌子旁老人能够到的地方。

老人温和而清晰地说："谢谢你，小姐。你很善良，愿上帝赐福于你。"

"不客气，先生。"她回答说，"叫我玛丽好了，我失陪一下，如果有需要的话，就朝我挥挥手！"

老人点了薄烤饼、咸肉和一杯热柠檬茶，当他吃完这顿丰盛的早餐时，玛丽帮他把找回的钱放好，但老人趁玛丽不注意时偷偷把钱放在了桌子上。玛丽扶着老人从椅子上站起，又替他拿起拐杖，然后扶着他一直走到餐馆的门口。当玛丽为老人开门时，她说："先生慢走，欢迎您下次再来！"

老人转过身，微笑着点点头对她表示感谢，然后温和地说："你真善良。"

当玛丽去收拾老人的餐桌时，她惊讶得几乎要晕倒。在盘子底下，她发现了一张名片和用餐纸写的一张便条，而在餐纸下面是一张一百美元的钞票。

便条上这样写着：

亲爱的玛丽，我很尊敬你，正如你尊敬自己一样，这说明你对待他人也同样友好，你发现了快乐的秘诀，你善良的光芒会照亮所有遇见过你的人。

原来玛丽服侍的这位老人是这家餐馆的老板，那是玛丽以及其他店员与老板的第一次见面。

施比受更有福

常听说：施比受更有福，一分耕耘，一分收获……付出是一门学问，并不是每个人都懂得付出。

有一天，一个年轻的学生和一位教授一起散步，这位教授常常被人称为学生的朋友，因为他对那些想得到他指点的人总是非常和蔼可亲。

在他们一直向前走的时候，他们看到小径上放着一双旧鞋，他们猜测这双鞋是一个在旁边的田地里劳作的穷人的，而且那个人已经快要完成他一天的工作了。

这个学生转向教授，说道："让我们跟这个人开个玩笑吧，我们把他的鞋藏起来，然后我们自己躲到那些灌木丛后面，等着看他找不到鞋时的困惑、茫然的表情。"

"我年轻的朋友，"教授说，"我们不应该以伤害这个穷人为代价，来取悦我们自己。你很富有，或许你可以从这个穷人身上得到

更大的快乐。在每只鞋里都放一枚硬币，然后我们躲起来，看看这个发现会多么令他感动。”

这个学生按照教授的提议去做了，然后他们一起躲到了附近的灌木丛后面。

那个穷人很快就干完了活儿，穿过田地，来到了他放衣服和鞋的小径上。他一边穿衣服，一边把一只脚伸进鞋里；他感觉到了鞋里有硬物，便弯腰去摸摸看是什么东西，结果发现是一枚硬币。他的脸上露出了又惊讶又怀疑的神情。他盯着这枚硬币，把它翻来覆去地看，然后又环顾了一下四周，但一个人也没有看到。他把硬币放进口袋，又去穿另一只鞋。但使他更加吃惊的是，他又发现了另一枚硬币。

他情不自禁地双膝跪地，仰望天空，大声地说着充满感恩的话语；他说起了身患重病却无钱医治的妻子、饿着肚子的孩子，并对不知是何人对他施以援手、将他从困境中解救出来的及时的施舍表达了感激之情。

这个学生默默地站在那里，他已经被深深地感动了，眼中充满了泪水。“现在，”教授说，“你是不是比恶作剧之后更快乐呢?”

年轻人回答道：“您给我上了我永生难忘的一堂课。我现在懂得了以前不理解的那句话——施比受幸福。”

第六章　真爱感动是人生最美丽的风景

相爱的两颗心宛如宝石，无论是怎样的灾难乃至岁月都对它束手无策，反而会被流转的时充打磨得熠熠生辉。

真爱永恒，熠熠生辉

很多年前，在斗牛盛行的西班牙，一位勇敢的斗牛士和一位美若天仙的姑娘相爱了。他们的约会和拥抱充溢着生活中的每个时刻，甚至就连在斗牛的竞技间隙，两个相爱的人也不会忘记眉目传情。

斗牛是一项十分危险的运动，每次他上场，她都要亲吻他的额头，祈望着他能够幸运地归来。在他们刚刚偷尝了爱的禁果不久，一场举国瞩目的斗牛竞技开始了。这场比赛的奖金足可以让他们举行婚礼，两个人很想拿到那笔钱，并且约定这是最后一次斗牛，结婚以后，要另谋生路。观众的惊叫声随着他和牛之间的每一次交锋起落着。她站在最前面一排的看台上，心随着竞技场上的每一个细微的变化而骤跳着，不停地祷告着他平安平安再平安。灾难还是发生了，当他又一次挥舞着长剑刺向那头已经鲜血淋漓的公牛时，被脚下的一块小石块绊倒在地，愤怒的公牛把他挑向天空，不停地旋转他……锋利的牛角刺穿了他的心脏，她在人们的尖叫声中晕倒在地……

20 年后，又一个万圣节，她将珍藏了 20 年的红腰带一点点地缠绕到儿子的腰间，然后，亲了亲儿子的额头，儿子向她点了点头，走向了斗牛竞技场，这次那头黝黑色毛皮的公牛在儿子的长剑下永远地倒了下去。看台上，掌声和欢呼声海啸般响起。她抬起头，看向天宇，喃喃而语："你看到咱们的儿子了吗……"

相爱的两颗心宛如宝石，无论是怎样的灾难乃至岁月都对它束手无策，反而会被流转的时光打磨得熠熠生辉。

别忘了研究一下爱的艺术

“前世修来同船渡，百世修来共枕眠。”有人认为婚姻是两个人的缘分，三生石上早已印上点点痕迹。所以不必在茫茫人海中寻她千百度，只要静心等待。此话有道理，但是，这种爱的机遇毕竟是少数的，你痴心相候，爱神却总是姗姗来迟，到头来，只落得一场欢喜一场空。世间一切事，一半靠机遇，一半靠努力。幸运女神总是垂青于努力追求她的人，爱神也是如此。

小张当时追女朋友的时候，可怜之极，他是一个才出校门的学生，囊中十分羞涩，手里没有多少钱。正遇上情人节，为了向对方表明心迹，他拿着仅有的几十块钱，在超市买了两个杯子和一瓶红酒，超市那天赠送红玫瑰一枝，虽然送的这枝玫瑰也不够新鲜，可是它也算是一枝玫瑰啊，情人节的必备品。

拿回这枝有些干枯的玫瑰，小张把它放在桶里养起来。还不是他女朋友的杨小姐回来后看到这枝可怜的玫瑰，立刻被小张打动了，没钱的小张有的只是一颗真心而已。

多年以后，杨小姐仍会对小张提起，她当初就是感动于这一枝赠来的花，她说：“钱不是不重要，但没钱的时候都能知道女人的虚荣，说明这样的男人是很细心和值得依赖的。”于是，小张每次送花给小杨的时候，还是只有一枝。

爱情是人类生活永恒的主题。爱是美丽的诗篇，爱是甜美的甘泉，人生在世，茫茫红尘，谁又能抵御爱的魅力呢？人活一世，不过百年，何不真心真意爱一回呢？爱得无憾、无怨、无悔，爱得死去活来，千转百回，爱得畅快淋漓，轰轰烈烈。

生活中不是缺少爱，而是缺少爱的发现。爱的出现和长久，需要用爱的艺术来发掘和维持。因此我们在追求爱的同时，别忘了研究一下爱的艺术。

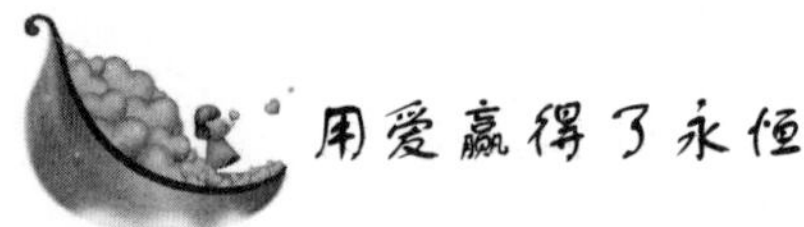

用爱赢得了永恒

只要我们将自己奉献给他人，爱对我们而言便是随手可得的。我们的爱给予他人，我们会因此得到更多的爱。

我们用一个故事来证明这个伟大的信念，这是最动人心弦也最具说服力的故事：

琳达是个美国女孩，她作为一名老师，只要有时间，便从事一些艺术创作。在她二十八岁的时候，医生发现她头部长了一个很大的脑瘤，他们告诉她，做手术存活几率只有2%。因此他们决定暂时不做手术，先等半年看看。

她知道自己有天分，所以在六个月的时间里，她疯狂地画画及写诗。她所写的诗除了一首之外，其余的都被刊登在杂志上；她所有的画，除了一张之外，都在一些知名的画廊展出，并且以高价卖出。

六个月之后她动了手术。在手术前的那个晚上，她决定要将自己奉献出来——完全地、整个身体地奉献。她写了一份遗嘱，遗嘱中表示如果她死了，她愿意捐出她身上所有的器官。

不幸的是，琳达的手术失败了。手术后，她的眼角膜很快地就被送去马里兰一家眼睛银行，之后被送去给在南加州的一名患者，使一名年仅二十八岁的年轻男性患者得以重见光明。他在感恩之余，写了一封信给眼睛银行，感谢他们的存在。他说他还要谢谢捐赠人的父母，他们一定是一对难得的好父母，才能养育出愿意捐赠自己眼角膜的孩子。他得知他们的名字与地址之后，便在没有告知的情况下飞去拜访他们。琳达的母亲了解了他的来意之后，将他抱在怀中。她说：“孩子，如果你今晚没有别的地方要去，爸爸和我很乐意和你共度这个周末。”

他留下来了。他浏览着琳达的房间，发现琳达曾经读过柏拉图，而他以前也读过柏拉图的点字书。他发现她读过黑格尔，而他以前也读过黑格尔的点字书。

第二天早上，琳达的母亲看着他说：“你知道吗，我觉得我好像在哪儿见过你，可是就是想不起来。”突然她想到一件事，她上楼拿出琳达死前所画的最后一幅画，那是她心目中理想男人的画像。画上的男人和这个年轻人几乎一模一样。

然后，她母亲将琳达死前在床上所写的最后一首诗读给他听：

两颗心在黑夜里穿梭，坠入爱河，但却永远无法抓到对方的眼神。

最彻底的、最善良的爱让琳达以奉献她的生命超越了物质实体，在精神世界中，用爱赢得了永恒。

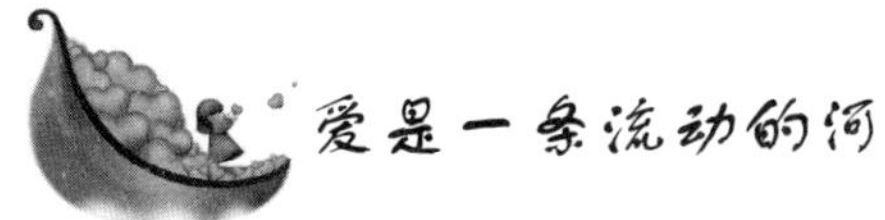

爱是一条流动的河

刘刚和王微，是华南某名牌大学的高材生。他们俩既是同班同学，又是同乡，所以很自然地成了形影不离的一对恋人。

一天刘刚对王微说：“你像仲夏夜的月亮，照耀着我梦幻般的诗意，使我有如置身天堂。”王微也满怀深情地说：“你像春天里的阳光，催生了我蛰伏的激情。我仿佛重获新生。”两个坠入爱河的青年人就这样沉浸在爱的海洋中，并约定等刘刚拿到博士学位就结成秦晋之好。

半年后刘刚负笈远洋到国外深造。多少个异乡的夜晚，他怀着尚未启封的爱情，像守着等待破土的新绿。他虔诚地苦读，并以对爱的期待时时激励着自己的锐志。几年后，刘刚终于以优异的成绩获得博士学位，处于兴奋状态的他并未感到信中的王微有些许变化。学业期满，他恨不得身长翅膀脚生云，立刻就飞到王微身边，然而他哪里知道，昔日的女友早已和别人搭上了爱的航班。刘刚找到王微后质问她，王微却真诚地说："我对你已无往日的情感了，难道必须延续这无望的情缘吗？如果非要延续的话，你我只能更痛苦。"刘刚只好退到别人的爱情背面，默默地舔舐着自己不见刀痕的伤口。

或许我们会站在道义的立场上，为品德高贵、一诺千金的刘刚表示惋惜，但我们又能就此来指责王微什么呢？怪只能怪爱本身就具有一定的可变性。爱情是变化的，任凭再牢固的爱情，也不会静如止水，爱情不是人生中一个凝固的点，而是一条流动的河。

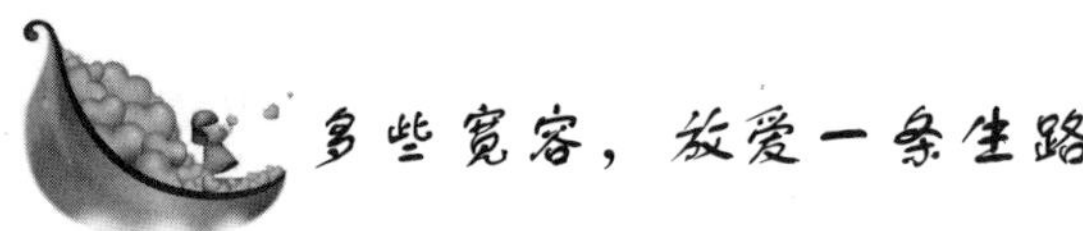

多些宽容，放爱一条生路

在希腊神话中有这样一个故事。

有一个叫伊俄的公主有一天正在为她的父亲牧羊的时候，为万神之父宙斯看见。宙斯当然是"有妇之夫"，而且他的妻子赫拉还是个嫉妒心非常强烈的女人。但伊俄的美丽却让宙斯无法"漫不经心"，宙斯很快坠入爱河。

然而就在这时，赫拉为了监视自己丈夫的行踪，已独自乘云下降到人间。为了能从赫拉的嫉恨中留住他的情人，宙斯让伊俄变成一头雪白的小母牛。可是赫拉立刻看透了丈夫的诡计，她假意夸赞这头美丽的动物，并询问小母牛的一些情况。宙斯扯谎说这小母牛只不过是地上的生物，没有别的。赫拉假装对于他的答复很满意，但要求他将这头美丽的动物送她作为赠礼。宙斯无奈就决定暂时将这光艳照人的"爱物"赠给他的妻子。

赫拉表示很喜欢这赠礼。她在小母牛的颈子上系了一根带子，并得意洋洋地将她牵走，小母牛的心怀着人类的悲哀，不知道这女神会将她牵到何处。这女神知道除非把她的情敌看守得非常严密，否则，她是不会放心的。她找到阿瑞斯托耳之子阿耳戈斯，因为阿耳戈斯是一个百眼怪物，当睡眠的时候，每次只闭两只眼，其余的都睁着，他可以无时无刻地监视着这头小母牛。后来焦急的宙斯只好召唤他的爱子赫耳墨斯，让他帮忙杀死了阿耳戈斯，方才救出伊俄。

伊俄自由了。即使她仍然是母牛的形体，但她可以无拘无束地奔跑。可是赫拉仍然不肯善罢甘休，她追逐伊俄逼至世界各地。经过长期艰难的行程，这一天伊俄来到埃及。她跪在尼罗河岸上，昂着头，在默默的怨诉中仰望着天上的宙斯。宙斯看见了她，硬着头皮去请求赫拉怜悯这个可怜的女郎。他说她没有诱惑他趋于不义，并指着下界的河川发誓。当他正在恳求时，赫拉却从澄明的天空听到小母牛的悲鸣，她心软了，许可宙斯恢复伊俄的原形，并答应成全他们。爱这种情愫非常复杂，也许有的人已觅到温暖的港湾可以休憩在甜美的温床上，也许有的人终生与它无缘，也许有人在甜蜜的梦中突然被伤感的钟声惊醒，不得不面对眼前爱被夺走的现实。此时当你揭开爱情的面纱时，这份真爱已不属于你。怎么办？不妨少些愤怒、怨恨，多些沉默、宽容，放“真爱一条生路”，同时，对自己也是一种解脱。

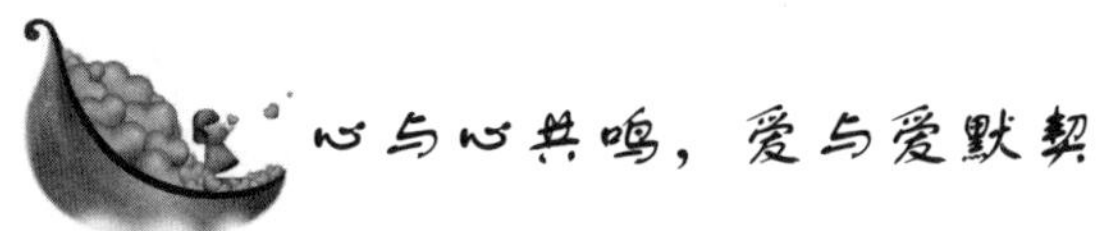

心与心共鸣，爱与爱默契

女孩和他青梅竹马，相识二十年，相恋八载，她应该顺理成章地成为他的妻子。但女孩一直不甘心，她总觉得两人相处时间太长了，从无话不说到无话可说，没有女孩所渴望的浪漫与激情。在女孩的记忆中，他一直不曾对她温柔地说过爱。

直到有一天，他郑重地对她说：“八年抗战还有胜利的日子，我们该结婚了。”女孩找不出拒绝的理由，但也找不到立即应允的感觉。女孩说要考虑一下，她想让他给她答应的理由。他竟点点头，

没有表示任何异议。

两人一起上街，并肩走着。到了一个拐角处，街道忽然变窄，本来在他右边的女孩轻巧地向前一跳，跑到了他的前面，走在他的左边。他忽然慌了，急忙跑步赶上，将女孩拉到右边，说了声“危险”。一辆大卡车就在此时呼啸而过。

并没有惊天动地的事情发生，卡车将地上的泥水甩了他一身。他仍在嗔怪女孩：“不是告诉过你，走路要在我的右边，为什么不听?”这只是一瞬间，女孩却感到超过一生的感动和幸福。他一直对她呵护有加，即使走路时也要将她放在右边的内侧，他用他的身体为她遮挡左边外侧的人流及一切。在爱的历程中，最真最美最让我们感念一生的往往是那些不经意地渗入我们生命中的细节，而无心的一举一动其实包含了许许多多心与心的共鸣以及爱与爱的默契。

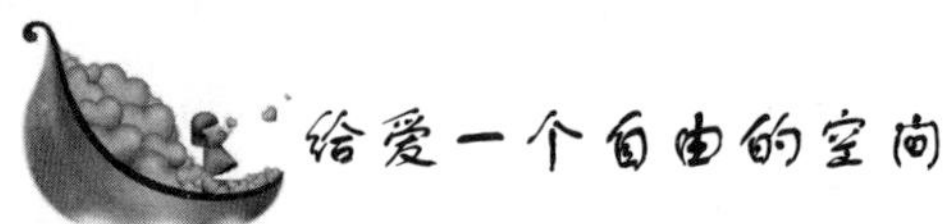

给爱一个自由的空间

一只笼子和一只小鸟相爱了。笼子跟小鸟说：“我是一只笼子，是用来关鸟的那一种笼子。”鸟儿说它知道。

过了一会儿鸟儿问笼子：“你会将我关进去吗?”

“我不会，可是，我却希望你永远都在我身边……不要离开我……。”笼子艰难地回答。

鸟儿微笑地说：“我会的！因为你对我而言，是一间非常温暖的房子，而不是一个冰冷的笼子。”笼子听了这些话，心里荡漾着不可言喻的幸福。

于是笼子和小鸟很快乐地生活在一起。早晨鸟儿会去寻一些小虫果腹，再自由自在地在蓝天上纵情飞翔。傍晚回来，小鸟哼着欢快的歌曲从洒满夕阳的天空飞向自己温暖的笼子里。夜深了，鸟儿就依在笼中皎洁的月光里甜蜜地睡去。

可是，有一天，主人发现了睡在笼子里的小鸟，就锁上了笼子。

笼子心想，这样小鸟就可以一直跟它在一起了，可是，它从此也就失去自由了。失去了自由，爱情还会存在吗？不会。

对笼子来说，最重要的就是鸟儿的爱情。笼子不愿意看到鸟儿失去自由，更不愿意看到鸟儿伤心，也不愿失去鸟儿对它的爱。

它深情地看着睡在自己怀里的鸟儿，含泪说道：“再见了，我的爱……”说完，笼子就四散裂开，轻轻地坠落……

现实生活中，相爱的人常常会犯这样一个错误：努力地塑造自己的另一半，试图让他（她）按照自己的意志去生活。限定了他（她）选择的自由。这实在不是一种明智的做法。要知道自由和爱情是完全可以完美地结合在一起的。只有给爱情一定的自由，相爱的彼此才会体验到爱的幸福。

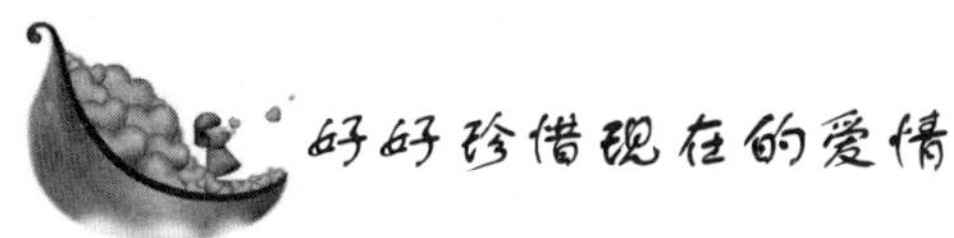

好好珍惜现在的爱情

杯子：“我寂寞啊，我需要水，给我点水吧！”

主人：“好的！你拥有了想要的水，就不感到寂寞了吗？”

杯子：“应该是吧！”

主人把开水倒进了杯子里。

水很热，杯子感到自己快被溶化了。杯子想：这或许就是爱情的力量吧！

水变温了，杯子感到很舒服。杯子想：这就是一起生活的感觉吧！

水变凉了，杯子害怕了，怕什么他不知道。杯子想这就是失去的滋味吧！

水凉透了，杯子绝望了。杯子想：这就是缘分的“杰作”吧！

杯子：“主人，快把水倒出去，我现在不需要了。”

主人不在，杯子感觉自己压抑死了。

可恶的水，冷冰冰的，放在心里感觉好难受。杯子使劲一晃，水终于走出了杯子心里，杯子好开心，突然杯子掉在地上……杯子碎了，临死前，看见了他心里的每一个角落都有水的痕迹，他才知道，它爱水，它是如此地爱着水，可是，他再也无法把水完整的放在心里了。

杯子哭了，他的眼泪和水溶在一起，奢望能用生命最后一刻的力量再去爱水一次。

主人将杯子的碎片捡起，一片割破了她的手指，指尖有血。

杯子苦笑着，爱情到底是什么，难道只有经历了痛苦才知道珍惜吗？爱情到底是什么。难道要一切都无法挽回才说放弃吗？

“曾经有一段真诚的爱情摆在我面前，我没有珍惜，等到失去的时候才后悔莫及，人世间最痛苦的事情莫过于此。”周星驰的这句台词相当经典，它之所以被无数的人引用，就是因为它道出了爱情中经常出现的一个悖论：爱情在时，视若无睹；爱情走时，追悔莫及。与其在爱情走后捶胸顿足、痛苦万分，不如在爱情在时好好珍惜。

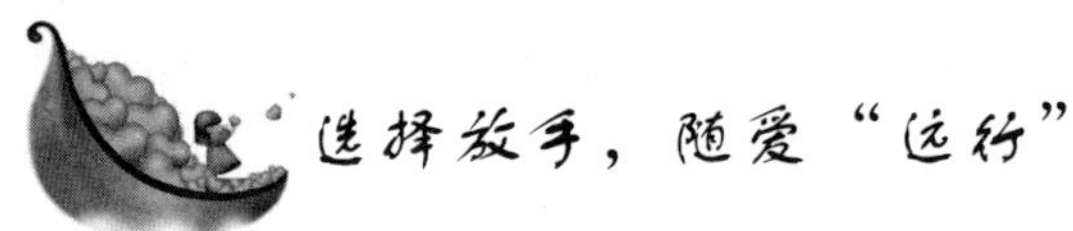

选择放手，随爱“远行”

姜术是一位医生，在北京一家很有名望的医院工作。丈夫张仪是一家工程公司的老总，每天忙得不可开交，马不停蹄地在各地跑来跑去，两人见面的时间很少。只是偶尔在周末才聚一聚。

一次，姜术和张仪偶然间在医院的急诊室相遇了。张仪向妻子解释说：“我带一个女孩来看病，她是我单位的员工，由于工作劳累过度晕倒了。”姜术看了那女孩一眼，女孩看上去比张仪小很多，脸上带着点野性。姜术心里有一种说不出来的感受。

她便偷偷地到丈夫工作的公司去打探。大家都说从来没有见过

像她所描述的这样一个女孩。

姜术听后，立即像失去重心一样。回来后，她给丈夫打了个电话，说她已出差在外地，要一个月后才回去。

接着她便到丈夫的公司附近蹲守。

蹲守的结果是证明了那女孩已与张仪同居很久。怎么办？是离婚还是抗争？姜术陷入了极度痛苦的深渊。那个晚上，她坐公共汽车回家。

车开得很慢，司机好像很懂姜术的心情。车上只有三个乘客，另外两个乘客在给亲人打电话，脸上洋溢着幸福的表情。姜术痛苦地闭上眼睛，回想起摊放在桌上半年多的《离婚协议书》。

突然有人叫她，是那位司机在跟她说话："妹妹，你有心事，"姜术没有回答。"我一猜您就是为了婚姻，"姜术的脸色微微地有点冷暗。可司机却当没看见一样继续说："我也离过婚。"

姜术眼睛微微一亮，便竖着耳朵听。

"我和我的妻子离婚了。"姜术的心不由紧了一下。"她上个月已经同那个男人结婚了，他比她大四岁，做翻译工作，结过婚，但没孩子。听说，他前妻是得病死的。他性格挺好的，什么事都顺着我前妻，不像我性子又急又犟，他们在一块儿挺合适的。"

姜术觉得这个司机很不寻常。

"妹妹，现在社会开放了，离婚不是什么丢人的事，你不要觉得在亲友当中抬不起头。我可以告诉你，我的妻子不是那种胡来的人，她和那个男人在大学里相爱四年，后来那个男人去了国外，两人才分手。那个男人在国外结了婚，后来妻子死了，他一个人在国外很孤独，就回来了。他们在同学聚会上见了面，这一见就分不开了。我开始也恨，恨得咬牙切齿。可看到他们战战兢兢、如履薄冰地爱着，我心软了，就放他们一条生路……"

姜术的眼睛有些湿润了，她想起丈夫写给她的那封信：

我没有想到会在茫茫人海中与她邂逅。在你面前，我不想隐瞒她是一个比我小很多的女人。我是在一万米的高空遇见她的，当时

她刚刚失恋。我们谈了几句话之后，她就坦诚地告诉我她是个不好的女孩，后来我知道她和我生活在同一座城市，我不知为什么，从那一天起，心里就放不下她。后来我们频频约会，后来我决定爱她，照顾她一生。因为她，我甚至想放弃一切……

车到家了，姜术慢慢地走上楼。第二天她很平静地在《离婚协议》上签了字。当你所面临的是这种婚外萌发的真情时，这种真爱就如生长在荆棘丛中的一株野花，在临近深秋时绽开。虽然它开得不是地方，不合时节，但它已在凉凉的秋风中战栗地开放。你又何须一脚踏死？即使踏死你也将付出惨重的代价。不如退后一步，像一首歌中唱的那样，人生没有翻不过的山，没有趟不过的河，更没有过不去的坎。

因为在人生的旅途上，生活给了你伤痛、苦难，同时也给了你退路和出口。所以当你所爱的人为了另一个珍爱的人要执意离你“远行”时，你无需作伤痕累累的最后决斗，在适当的时候选择放手。

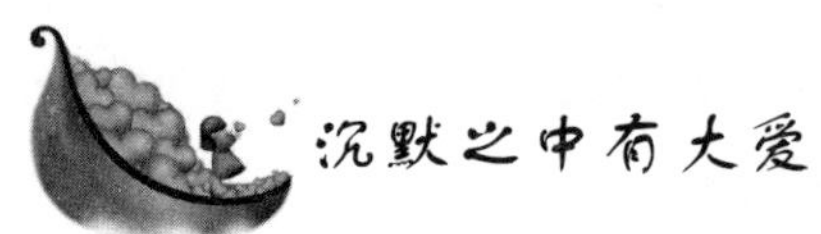

沉默之中有大爱

省级报纸的主编是位精明能干的女士，有一天，上班后两个小时，她要召开一个中层领导参加的工作会议。她一翻公文包，才发现准备好的讲话提纲忘在家里，看看时间，还来得及，她决定坐车回家去取。她急匆匆回到家中，打开门，“触目惊心”的一幕让她呆立在那儿：自己的丈夫正和一个陌生的女人在床上做爱……

她愕然了，脑子里一片空白，她简直要晕过去。站在那儿，她周身颤抖着，她绝望地看着丈夫。有一瞬间，她甚至想举刀将他和那个野女人杀掉。就在她没有回过神来的时候，那女人仓皇而逃。她极力使自己镇定下来，什么也没说，她找到那个昨晚上准备的提纲，强撑着，用手扶着楼梯下了楼。

那个中层干部会议，她开得实在太差，她精力难以集中，那个仓皇逃走的女人总在她脑海里晃动。开过会后她将办公室的门反锁上，将电话线拔掉，躺在她办公室的床上，痛心的泪水夺眶而出，她万没有想到她自认为与她感情甚笃的丈夫会干出这等事情。

但她毕竟是一位成熟沉稳的人，她躺在那儿，辗转反侧，她想，丈夫与这女人肯定已不是一时半日，倘若不是今天被她遇上，一切不还是一如既往吗？她开始反思自己，是自己年岁不行了，没有了姿色，在丈夫心中失去了魅力？还是自己忙忙碌碌，在性生活上与丈夫配合得太少？她想到了离婚，女人特有的尊严感让她深深地感到这个野女人不仅玷污了她的家，也玷污了她的心，她真的无法接受这一现实。而她又想到正在读初三的女儿茵茵，她简直就像公主一样，过着无忧无虑的生活；而且茵茵常常因爸爸妈妈的情投意合而骄傲。她做梦都不会想到爸爸妈妈会离婚，爸爸妈妈的形象在她心中从来都是那么崇高、那么纯正，倘若真是因此而离婚，给女儿带来的不仅是失望和悲哀，更主要的是纯洁心灵的彻底崩溃，这对于一个青春少女，将是一个严峻的现实，说不定会带来什么样的后果，特别是现在的孩子内心世界都是那样的脆弱。为了逃避生活的残酷，她可能会疯，可能会离家出走，可能会自杀……不能，她摇着头，绝不能那样，她打消了所有的念头，她插上电话线，拨通了丈夫的手机。她说："你现在一定是很不平静吧？你能发生这种事儿，让我非常吃惊，但我会原谅你的。"她将"原谅"两字说得很重很重，她说："今天是周末，晚上我们一起去接茵茵，然后我们一起去吃晚餐，你看可以吗？"

其实，丈夫在接她电话的始终，心里都是忐忑不安的，他不知她会做出一种怎样的决定。听到这里，丈夫哭了，他说："你给我一次机会吧，就当我们重新恋爱！"

她沉默下来，想到丈夫以前对她那些难忘的温情细节，不知如何回答丈夫的话。

那天晚上，她们一起去吃饭，像以前那样，女儿是什么也没有发现。

回到家，她关上门，对丈夫说："我知道，你一定很爱她，不然你不会领她回家，告诉我一句真话，你希望和她结婚吗?"丈夫说："你真的希望我说真话吗?""对!"丈夫说："其实，我和她已经很久了，如果想和她结婚，早就结了，在我心里最爱的依然是你和孩子。"她问："她有丈夫吗?""有，她也很爱她的丈夫。"

她沉默了，作为一个知识女性，她也常常探讨性与爱的关系问题。她在内心深处反复地衡量着丈夫的过去和现在，可她无论如何都得不出否定的结论，她相信丈夫是个有良心的男人。她哭了，她依然是趴在他的怀里哭的。丈夫一边替她擦泪，一边真挚地说："让我们重新开始，我一定会珍惜这个家。"

那一夜，他们睡得也很甜蜜，第二天，一切照常，对于女儿，什么都没有发生。

婚姻里杀出一个"第三者"，在当今这个时代，是很多人都无法回避的现实，如何对待这个问题，就可以见识聪明者和愚蠢者的不同。聪明的人会看本质，他是不是偶尔拈花惹草，而骨子里依然不忘这个家？倘是如此，她会宽容，她会大度，以宽容来弥合婚姻，使其重现美满。而愚蠢的人会大嚷大叫、大吵大闹，最后丢了名声也失去爱情，弄得一枪两眼，所以面对爱人的外遇你千万要谨慎，看清问题的本质，然后再做出决定。

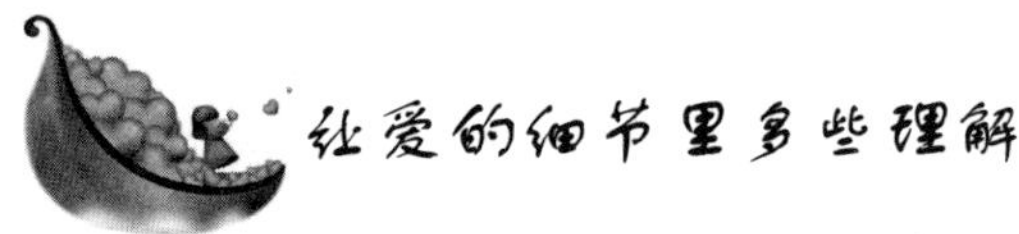

让爱的细节里多些理解

爱情的成功与否其实暗含着很多原因。我们要有付出的能力、理解的能力、宽容的能力和自我承担的能力。付出才能得到回报，理解和宽容才能营造爱情继续生长的环境，自我承担才不致使爱情成为萎靡不振的祸首。

在日常的生活中给对方多一些理解，在细节中给予对方更多的关心和体贴，不动辄揪住“鸡毛蒜皮”的小事不放，你会发现生活更美好了，家庭更和睦了。例如，妻子娘家来人，丈夫疏忽，忘了给客人沏茶。妻子大声呵斥起来：“你这样不懂规矩，是不是看不起他们？你看不起他们，就是看不起我……”这时，丈夫决不能采取“以牙还牙”的顶撞态度，而应有“宰相肚里能撑船”的气量，暂且不去计较妻子的话说得难听或是否符合事实，而要多想妻子平时对自己的恩爱，过后再找机会向妻子说明原因，并指出她在来人面前奚落丈夫是不对的，这样就可避免一场不愉快的“冲突”。

一次，夫妻二人决定坐下来好好谈谈。

妻子说：“你有多久没有回家吃晚饭了？”

丈夫说：“你有多久没有起床做早饭了？”

妻子说：“你不回家陪我吃晚饭，我有多寂寞啊。”

丈夫说：“你不给我做早饭吃，你知道上午工作时我多没有精神。上司已经批评我好几回了。”“早饭你可以自己弄的啊，每天回来那么晚吵我睡觉，我怎么能起得来。你可以不回来陪我吃晚饭，我就可以不给你做早饭。”妻子不高兴地说。

“你知道我一天上班有多辛苦，压力有多大。一个晚饭，自己吃怎么了，难道你还是孩子，要我喂你不成？”丈夫也没有好气地说。

妻子抱怨说：“你总是喝得烂醉而归，有多久没有给我买花，多久没有帮我做家务了。”

丈夫也不甘示弱地说：“你知道你做的饭有多难吃，洗的衣服也不是很干净，花钱像流水，有多久没有去看我的父母了……”

就这样，夫妻二人你一句我一句地互不相让，最后竟翻出了结婚证要去离婚。

在去街道办事处的路上，他们遇见了一对老夫妇正相互搀扶慢慢走着，老妇人不时掏出手帕给老公公擦额头上的汗，老公公怕老妇人累，自己提着一大兜菜。这对年轻夫妇看到这个情景，想起了

结婚时的誓言：“执子之手，与子偕老。休戚与共，相互包容。”可是现在竟然……

于是他们开始互相检讨。丈夫说：“亲爱的，我真的很想回家陪你吃饭，可是我实在工作太忙，常常应酬，并不是忽略你啊。”

妻子不好意思地说：“老公，我也不对，不应该那么小气，你在外工作挣钱不容易，早上我不应该赖床不起的。”

“早饭我可以自己热，每天回家那么晚一定吵你睡不好觉，你应该多睡会儿的。”丈夫忙说，“刚才在家我不应该那么凶地和你说话，我知道自己身上有很多毛病……”

妻子也忙检讨自己……

就这样，这场离婚风波平息了。从这之后，夫妻俩变得互敬互爱，彼此宽容忍让，更多地为对方着想，恩恩爱爱。其实，导致婚姻失败、爱情终结的常常都不是什么大事，而是一些日常琐碎小事中的摩擦。

相互理解才能让彼此互相交流、融洽，相互理解才能让感情维系长久。埋怨只能让彼此疏远，让爱情更早地被葬送。但宽容也是有原则的，并不是一味地忍让，而是不要斤斤计较，付出就索取回报。要常常换位思考一下，不要把自己的想法强加于人，要给予对方解释的机会。

有时候婚姻的另一方，一不小心撒了谎，大可不必刻意去揭穿他，更不用和他拼命，就算你洞悉一切，你仍然可以傻傻地笑着说，我只是担心你。潜台词就是我知道，但我不打算计较。特别是有第三方在场的时候，你给他留足了面子，他一定会心存感激，感激你的包容和护佑，会把你当成同盟，当成分享秘密的另一方，这种唾手可得的甜蜜，何必推辞掉？白头偕老不是一句空泛的誓言，而是融入我们每一天的生活细节里的行动。白头偕老不仅仅需要爱情的支撑，更需要彼此的理解和礼让，而这理解正体现在日常生活中。

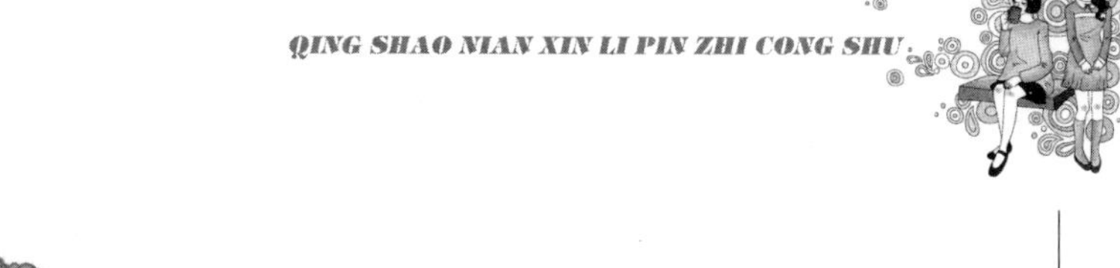

善意的谎言，让父母放心

阿斌父亲的病逝使本来就穷困的家里雪上加霜。无奈之下，他的母亲只好同意让刚满 18 岁的他出去打工。到了南方，阿斌找到了一份汽修工作。有个 50 多岁姓赵的师傅带阿斌，赵师傅有两个爱好：一是没事就修理指甲；二是喜欢帮人家洗衣服。

两个月过去了，阿斌攒了一点儿钱，打算寄给母亲，顺便写一封信报平安。他在办公室搜寻了一下，随便找了一张包装纸，就开始写起来。正写着，赵师傅突然问阿斌："你在这里的活不是又苦、又累、又脏吗？怎么说自己的工作很轻松啊？"阿斌说："是因为我不想让母亲担心。"赵师傅赞许地说："你还挺懂事的！出门在外是应该报喜不报忧。但是，你写信用的纸张又脏又破，你母亲不怀疑吗？"

赵师傅摸摸阿斌的头说："我也是很小就没有了父亲，20 岁的时候母亲病了，是半身不遂。我们到处寻找名医治疗，最后来到这里，我找了一份活干。当时，我们也很苦。你想想，咱们一天工作下来，手上肯定又黑又脏，手指甲里面的机油又很难洗掉。领第一笔薪水的当天，我给母亲买了很多好吃的东西。我把削好的苹果递给母亲，母亲却拉着我的手翻看。最后，母亲断定我的工作肯定又苦又累，死活让我辞掉工作。她不愿意再花钱治病，甚至以绝食相要挟。没办法，我以为她洗衣服为名狼狈地跑了出来。我当时很愁，这份工作虽然苦是苦了点，但毕竟薪水还可以。洗完衣服之后，我就有了主意，我跟母亲说我同意辞去现在的工作。不过第二天，我又过来上班了，下班后我仔细地清理了自己的指甲，还把同事们的衣服都给洗了。这样，我的手变白了许多。母亲再没有发现什么破绽。就这样，我能多拿薪水给母亲治病了，也就一直在这里做，直到现在。

说完，赵师傅打开抽屉，给了阿斌一叠雪白的信纸。然后，阿斌在这洁白的信纸上给母亲写信："妈妈，我在这边工作挺轻松的，一切都好，请勿挂念……"

出门在外，不如意事十有八九，但打电话或写信给父母的时候，还是应该报喜不报忧。如果遇到难处总向千里之外的父母诉说，又如何让父母放心？

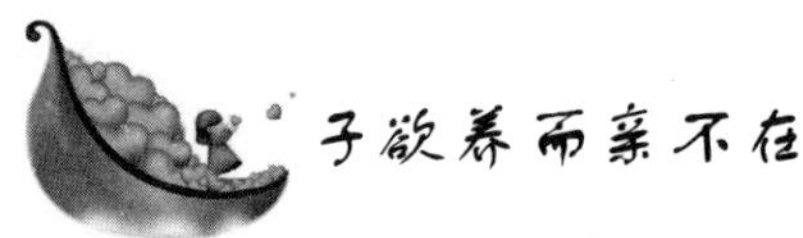

子欲养而亲不在

小男孩经常来找这棵树玩，这棵树也非常喜欢这个小男孩。

男孩小的时候，他几乎每一天都来看望这棵树。他用它的叶子编织成草帽，戴在自己头上，像模像样地在巷子里来回走着，就像巡逻的士兵。他还经常爬上树身，坐在树枝上荡着双脚眺望远方。每年秋天，树上结满了甜美的果实，它们最后都进了小男孩的肚子。有时累了，小男孩就靠着树干睡觉，树用它茂密的树枝为小男孩遮住烈日。

小男孩慢慢长大了，他上学了，不再天天来了。树开始盼望。

一天，男孩又来了，树开心地叫着："孩子，我好想你，你好久没来了！快来玩啊，爬上我的树干，尝尝我的果子，好甜的。"

男孩摇摇头："我长大了。不能天天玩了。我也想和别的同学那样，有一个漂亮的书包和一个精致的铅笔盒，可是我没有钱，你能给我吗？"

树说："孩子，真对不起，我没有钱。不过你可以把我身上的果实卖掉，这样你就有钱买书包了！"

男孩把树上的果子都摘光了，树很开心。

好久了，男孩都没有再来……听不到男孩开心的笑，树又开始难过。

终于，男孩又来了，树高兴得快说不出话来了："快……快……孩子，来……爬到我身上玩。"

男孩摇摇头："不，我已经是大人了，我现在很忙。我该娶妻生子了，你能送我一间房子吗？"

树黯然神伤："可是我没有房子啊！不过——"树高兴起来，"你可以用我的枝条来盖房子。这样，你就开心了。"

男孩砍下了树的枝条，树很开心。

时光飞逝，又是好久好久，男孩都没有来过了。当男孩再次出现的时候，树高兴得不知道该说什么好了："孩子，你来了，来玩一会儿吧？"

男孩摇摇头："不行了，我现在老了，爬不上去了，我想去远方，需要一条船，你能送我吗？"

"我的树干可以造船，只要你开心，你就拿去吧！"树说。

男孩把树干砍下来，造好船，走了。树很开心。

日子悠悠，终于，男孩又回来了。

"很抱歉，孩子，我现在什么也没有了……虽然我很想给你……可……我只剩下这块老树根了。很抱歉……"树说。

男孩摇摇头："我不需要什么了，我只是太累了，想要找个安静的地方休息。"

树听了很开心："好啊，就坐在我的老树根上吧，它坐起来很舒服，很适合休息的。"

男孩坐下来，树好开心。

这棵树像极了我们的父母，他们为了我们的将来，无怨无悔地付出了一生的心血。直到白发苍苍，依然像一头老牛一样不停地劳作，只为让我们过得更好。可是有太多的人忽略了父母这种无私的爱，甚至对此视若无睹，只是在父母已经老去，离开的时候叹息："子欲养而亲不在！"这样的人真应该为自己感到可悲。

永远敞开的心门

女孩早已厌烦了父母的管教，她觉得自己的父母又古板又严厉，这次她痛下决心，离家出走了。

女孩的父母到处找她，可是始终没有女孩的消息。过了3个月，女孩离家时带的钱都花光了，因为她年龄小，没有人愿意雇用她。女孩心灰意冷。她想：父母不爱我，回家有什么意思？她开始在外流浪。

离家这么久，女孩从来没有给家里任何音讯。她不知道这段时间家里发生了什么事情：他的父亲已经死了，母亲也憔悴不堪了。

每次略微听到一些消息，不管是不是自己的女儿，母亲都会以最快的速度赶过去。她走了很多地方，在每一个收容所都留下一幅画：白发苍苍的母亲微笑着："女儿，我们爱你，回家吧！"

这天，女孩无精打采地走进了一家收容所。她饿了，想要点吃的。不经意间扫了一眼告示栏，顿时停住了脚步，"那是母亲！"虽然母亲苍老了很多。但她还是一眼认了出来。看到旁边的字，女孩失声痛哭。

顾不得肚子饿，她朝家的方向跑去。终于到家了，已经快凌晨两点钟了。她再三犹豫，要不要现在敲门，不料刚把手放在门上，门就开了，门竟然没有锁！她冲进房间，母亲还没有睡，正神色忧郁地抚摸着她的照片。

她的脚步声惊动了母亲。看到她，母亲瞪大了眼睛，接着就紧紧地抱住了她。

"妈，这么晚了，您为什么没有锁门啊？"

母亲轻轻地对她说："孩子，自从你走后，这门就没有锁过。"

我们在成长的过程中，难免会经历一个叛逆时期，那时，父母

对我们的管束限制使我们感到厌烦，甚至充满了极端的偏见。但是事实上，父母对子女的爱永远是无私的，即使子女做错了事，走错了路，父母仍然会在原地默默地等着他回头。他们永远会包容孩子曾经的任性与无知。

母爱无处不在

这是一个事业有成的老总小时候的故事。

那时候，他刚刚十来岁，在一个非常偏僻的山村里生活，家境贫困，从来没见过香蕉。

那次。母亲带他去县城参加一个远门亲戚的婚礼。第一次，他见到了香蕉，像弯弯的月亮，亮丽的黄色，远远就能闻到它散发出的诱人香味。终于等到大家开吃了，母亲先给他剥了一根，他囫囵吞枣般吃了下去。大家都看着他，母亲又拿了两根，剥开咬了一口，然后站起来去旁边找水去了。

香蕉的香味一直萦绕在他的心头。盖过了所有的一切。带着对美味香蕉无比的眷恋，他依依不舍地回家了。在路上，母亲突然拿出那半根用手帕包着的香蕉，递给了他："孩子，快吃吧！"

幼小的他明白：在众人面前，贫穷的母亲巧妙地为他保留了这半根香蕉，这里面有母亲虽贫困却不失尊严的坚强，还有对他深深的爱。那半根香蕉一直停留在他的记忆深处，时时提醒他，要努力向上，积极改变命运。

母爱无处不在，即使在最贫瘠的土壤中生长的小树，它也会在母爱的浇灌下长成参天大树！

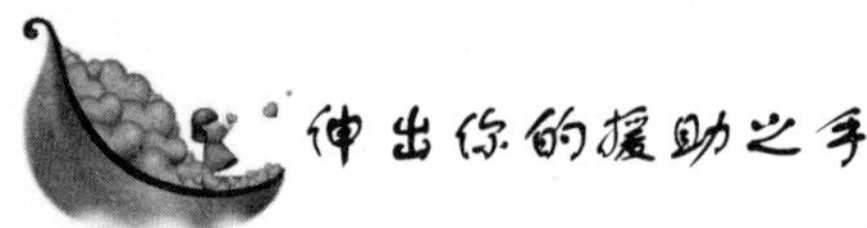

伸出你的援助之手

有一次家里来了一些客人，其中有一个小客人和我一样大小，并且我在学校见过他。母亲告诉我，他叫阿亮，让我和他一块去玩，可惜我们太没有共同语言了。只是一语不发地在凳子上坐了几小时。

后来，他突然站起来要走，我还傻坐着，一副没睡醒的样子，母亲督促我送客。我就随他出了门，没走出几步，他回过头来，低声对我说："你……能不能……借点钱给我?"然后他说："我肯定会还你的，请你相信我!"

我一听这话就蒙了，因为我当时可没有什么收入。他一见我的样子，又轻轻地说："没有就算了，我走了。"然后他转身走了。我回到家里，母亲问我什么事，我照直说了，没想到母亲马上从口袋里拿出5块钱递给我说："你快给他送去吧，说不定他有什么用处!"我对母亲对我的支持喜不自禁，马上抓过了钱，以最快的速度追上阿亮，把钱给了他。

5块钱，我成了一个债主。

那时的5块钱对我来说是一笔不小的数目，所以我一直为他不能尽快还上钱耿耿于怀。过了几天，我到同学家去玩，同学忽然对我说："阿亮喜欢找人借钱，借了就不还。"我一听，后悔不迭地说："你怎么不早说，我已经借给他了。"同学一副幸灾乐祸的样子："那算你倒霉!"

以后又见过阿亮几次，他当然不会还我钱，我这人爱面子，也不好意思直接找他要。不知不觉间，又过了一些年。再后来我去别的地方上学，也就将这事淡忘了。

十几年后，我几乎要淡忘这个人了，可是他却意外地闯进了我的家门。我开门一看，面前是一个富商模样的人。他说他是阿亮，

使我一下子想起了十几年前的往事。他进屋后我们热情地聊起来，这同他那次借钱的场面形成了强烈的反差。最后他拿出他的公文包，从里面掏出了一个作业本，他翻给我看，我大吃一惊，那是他那时向别人借钱的账本！上面密密麻麻地记着他借过的钱。字迹虽然歪歪扭扭，但清清楚楚，上面也有我的名字。

阿亮望着我，认真地说："我今天是来还钱的。"我笑说："别开玩笑了，不就5块钱吗？而且那么多年了……"

"不！我说过一定会还的！"阿亮坚决地说。然后他递过来一个漂亮的信封，信封上印着几个烫金的大字"永远的感谢！"信封里面是五十几块钱，他说是照这些年来的最高利息支付的。

晚上，阿亮请我吃饭，我才知道他的故事：阿亮3岁时，母亲去世，父亲又娶了个老婆。他饱受了后妈的折磨，后来，后妈得了一种怪病，为治好她的病，全家倾家荡产。阿亮很小就开始卖冰棍、捡破烂、借钱为后妈治病。那些年，他忍受着羞辱和鄙视，一直到后妈病故，他就到南方去打工。他经历了种种艰难，但是始终抱着这样一个信念：要把借别人的每一分钱都还给别人！

爱是人世间最美丽的风景。不管是亲戚、朋友还是同学、同事……在别人需要的时候，请伸出你的援助之手。要明白爱的付出也是一种难能可贵的品质，你轻而易举地拉别人一把，没准他就能因为这微不足道的帮助而得救。

第七章　幸福美满是人生最美丽的风景

爱、幸福和宁静都会传染。那些不断在自己的心灵花园种下这些种子的人也正把爱、幸福和宁静种进别人的心田。

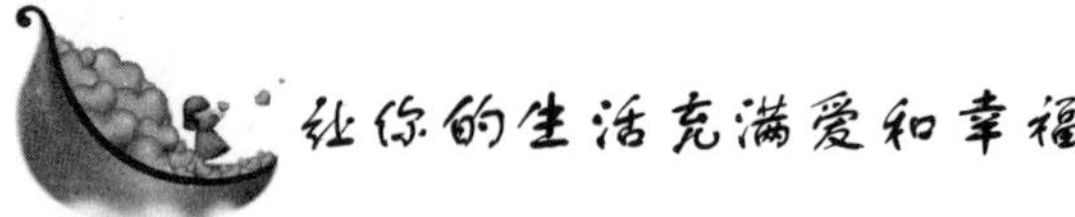

让你的生活充满爱和幸福

不久前，我和索菲娅去乡下拜访一些朋友，我们住在一座漂亮的小木屋里。小屋外果树和鲜花环绕，还有几只山羊。小屋门上方用颜色鲜艳、行云流水的字体写着：

心是花园，思想是种。可以种花，或种杂草。

尽管我们当时不大明白，但这首小诗会给我们的思维模式和艺术作品带来深远的影响。

开始时几乎就像一场游戏。我们决定真正努力观察自己的思想，要看一下我们自己的“思想花园”里种的到底是什么。

我们最终渐渐发现，我们在生活中遇到的许多问题和困难正是源于我们不断在心里种的怀疑、恐惧和忧虑的种子。

当我们越来越多地认识到这些消极思想时，我们就会说：“不，我不会把这颗野草种在自己的心灵花园。”

我会有意识地选种一些更好的东西，结果确实激动人心。

当你开始有意识地耕种自己的心灵花园时，生活中发生的改变也确实会让你大吃一惊。你曾认为不可能或遥远的东西会突然进入你的视野。

任何花园都处在不断变化中。只种下一粒幸福的种子，然后忘在脑后是不够的。杂草很快就会困死你的弱不禁风的幼苗。恐惧、怀疑和忧虑的杂草一出现，必须不断拔除、扔掉。

爱、幸福和宁静都会传染。那些不断在自己的心灵花园种下这些种子的人也正把爱、幸福和宁静种进别人的心田。记住：心是花园，思想是种。可以种花，或种杂草。

所以，你问一下自己，你打算在自己绚丽的心灵花园种什么？让你的生活充满爱和幸福。

幸福生活的定律

犯错误也没什么大不了的。我们都会犯错误。就是犯错误，我还是一个恪尽职守的人才。

我犯错误后，完全没有理由忐忑不安。因为我一直在努力，所以即使犯了错误，也会继续努力。

我能正确对待犯错误。别人犯错误也没关系。我会接受自己犯错误，也会接受别人犯错误。

并不是人人都得爱我。不是每个人都得爱我或喜欢我。我不一定喜欢我认识的每一个人，所以为什么其他每个人都应该喜欢我呢?

尽管我乐意被人喜欢或被人爱，但如果有人不喜欢我，我仍会好好的。我无法迫使某个人喜欢我，就像某个人也不能迫使我喜欢他一样。

我不需要时时刻刻得到认可。如果有人不认可我，我仍会好好的。

我不必事事控制。就是事情和我想的不一样，我也照样活着。我能接受事情本来的样子，接受人们本来的面貌，接受本真的我。

如果我不能让事情成为我想要的样子，也没有什么理由忐忑不安。我没有理由要喜欢所有的一切。即使不喜欢，我仍能忍受。

我对自己的每一天负责。我对自己的感觉和自己的所为负责。没有人能强迫我对一切事情的感觉。

如果我一天过得很糟，那是我对自己的放任自流。如果我一天过得很棒，那是我态度积极，应受到赞扬，其他人没有责任为了让我感觉更好而改变。我是掌握自己人生的主人。

出了问题，我能处理。我不必时刻担心事情会出错。事情常常会顺利进行，就是不能顺利进行，我也能处理好。我不必浪费时间去杞人忧天。天不会塌下来，一切都会 OK。

我能行。我不需要别人来处理我的问题。我能行。我能照顾好自己，能自己做出决定，能自己思考。我不必依靠别人来照顾我。

我能随机应变，做事方法不止一种，不止一个人有奏效的妙方。也没有哪一种方法“无懈可击”。每个人都有值得一试的主意。有些可能对我更有帮助，但每个人的主意都有可取之处，每个人都能想出一些好办法。

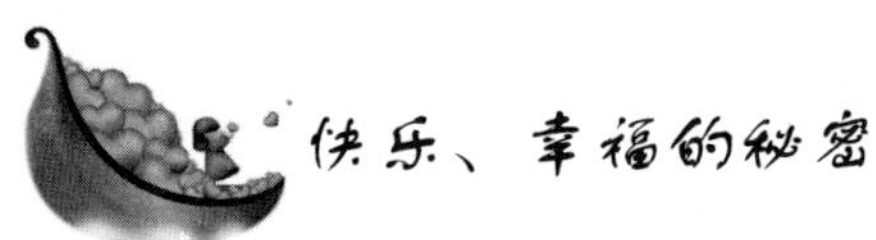

快乐、幸福的秘密

我曾在耶路撒冷遇到这样一个年轻人，他有着非同寻常的快乐性格，因此我问他快乐的秘密是什么，他对我说：“11 岁时，我意外地收到了一样东西。

那天，我在街上骑着自行车，一阵大风把我吹到街中央，这时迎面驶来一辆大货车，把我撞倒在地，轧伤了我的一条腿。

“血不断地流，那时我意识到，我的下半生将会在只有一条腿的情况下度过，当时我沮丧万分，但我很快意识到，悲伤沮丧都无法换回失去的那条腿。因此，我决定，以后绝不能把时间浪费在悲伤、难过中。

我父母赶到医院时，他们既惊愕又难过。我对他们说：‘我已经适应了这一切，这次轮到你们来适应我只剩下一条腿的境况。’

从此以后，看到我的朋友们因一些小事而难过、沮丧时，我都会告诉他们要笑对人生、享受生活。”

这个年轻人 11 岁时就已经明白把时间和精力用在已经失去的事物上是一种浪费，而快乐、幸福的秘密就是享受并珍惜现在所拥有的。

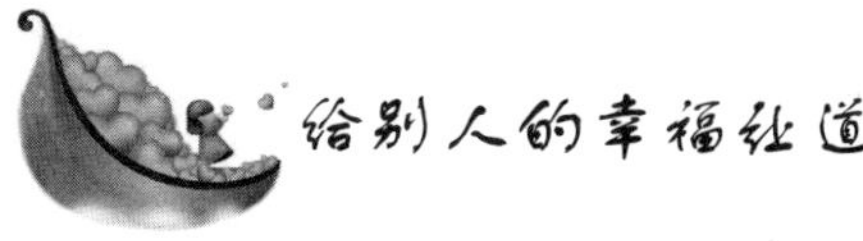

给别人的幸福让道

那天早上，一辆公交车正在行驶，车上都是去上班的人。

突然，一旁的路上冲出一辆车，公交车一个急刹后停住了。那是一辆婚礼的摄像车，后面是一列长长的迎亲车队。乘客开始抱怨上班要迟到了，公交车司机却静静地坐在位子上，不时按一下喇叭。

有人对司机说：“你只按喇叭不行，他们不会给你让道的，不如从车队的空隙冲过去。”

司机回过头，笑着说：“我按喇叭不是催他们给我让道，我是为他们祝福呢!”顿了顿，他又说：“别人结婚是一件幸福的事儿，我们有机会为别人的幸福让一次道，这不也是一件幸福的事儿吗?”

满车的乘客霎时安静了下来。

给别人的幸福让道，是一件幸福的事儿；有这种心情的人，必定也是一个幸福的人。

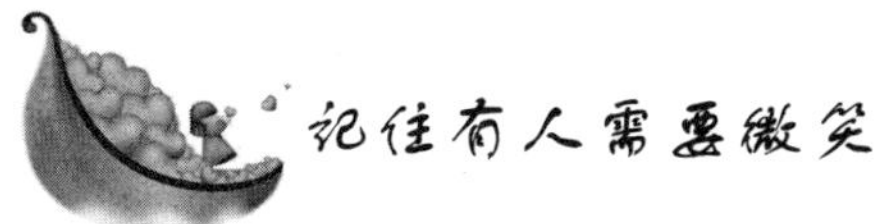

记住有人需要微笑

我把要买的商品放在传送带上。慢慢地，我那些东西移向收银员。

收银员一脸倦容，我从她的脸上看得出来。她轮班的时间要到了，她肯定一直在那里站着按了一天的收银机。

我知道收银机不再响铃了，因为它们都电脑化了，但我做出纳时，收银机都响铃。

两岁的儿子乔西斯和我在一起。

收银员强打精神工作着。

乔西斯随着传送带站在她面前，他矮小的身材离传送带顶还有几英寸。我不知道是什么让他离开我站在了那里。孩子们有时更多的是依靠本能，而不是逻辑，进行活动。

他站在那里，仰起头。

收银员感觉到了什么，低下头。“噢，天哪，看那微笑！”她惊叫道。

她像变了个人，疲倦和低落一扫而光，看上去就像刚开始工作似的神采奕奕。

乔西斯继续站在那里微笑着。她继续精神抖擞。

我明白那不是一个孩子的力量，而是一个纯真微笑的力量。

记住，你也拥有这样的力量。

每天你都会遇到某个疲惫、厌烦和低落的人。对许多人来说，镜子里的那个疲惫、厌倦、低落的人正是自己。

即便是在镜子里，微笑的力量仍会发生作用。

你微笑时，面部肌肉会因大脑里的某个特定的腺体而收缩，分泌荷尔蒙来减轻压力，产生一种轻微的快感。

马上微笑吧，看你的大脑里是否也有这样的腺体。

我们走出商店时，收银员还是喜气洋洋。

乔西斯一句话没说，只是微笑。

每天当你遇到疲惫的人时，记住乔西斯，记住有人需要微笑。

幸福来自什么？

这个故事说的是一个衣着华贵的美丽女士。她对心理医生抱怨说她感到生活空虚、毫无意义。

于是，医生叫来负责打扫办公室地板的老太太，然后对这个富有的女士说：“我让玛丽告诉你她是怎样发现快乐的。我要你做的就

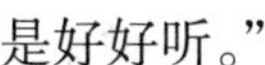

是好好听。”

于是，老太太放下扫帚，坐在一张椅子上，讲起了她的故事：“噢，我丈夫死于疟疾，三个月后我唯一的儿子也被汽车撞死了。我失去了亲人……一无所有。我睡不好，吃不下，对谁也没有个笑脸。我甚至想寻短见。

后来有一天晚上，我下班时，一只小猫跟我回了家。不知怎么的，我很可怜那只小猫。外面很冷，所以我决定小猫进屋。我给了它一些牛奶，它把碟子舔得一干二净，然后蹭起了我的腿。

几个月里，我第一次露出了笑脸。于是，我就停下来想，如果帮助一只小猫就可以让我微笑，也许帮助别人会让我快乐。

于是，第二天我烤了一些小点心，送给一位卧病在床的邻居。每天，我都试着为别人做一些好事。看到别人快乐，我也非常开心。今天，我不知道还有谁会比我吃得好、睡得香。通过奉献他人，我找到了幸福。”

听了老太太的话，富有的女士哭了。尽管她拥有钱能买到的一切东西，但她却失去了钱无法买到的那些东西。

把幸福送给他人

詹姆斯·巴克汉说：“有一位非常可爱的老先生，他每天早上坐8点半的火车进城。我不知道他的名字，但我比城里任何人都熟悉他。无论离多远，只要你能看到他，他就会露出快乐的神情。他的脸上总是带着微笑，他只要一开口，所说的话都是那样亲切、谦恭、愉快。所有人都向他鞠躬致敬，就连陌生人也是这样；他也向所有人鞠躬致敬。如果天气晴好，他那令人愉快的问候会使天气显得更加晴好；如果是雨天，他讨论天气时的乐观语气则像彩虹一样美丽。”

惠普尔说："有些人具有天生的亲切感。"那些人无论走到哪里，都会带来阳光；这里所说的阳光是指对穷人的怜悯、对痛苦者的同情，对不幸者的帮助和对所有人的善行。

每个人都喜欢快乐的人。他那张脸就是前往各地的通行证，所有的大门都对他敞开。他常常消除偏见和嫉妒，因为他总是把好意带给每个人，他像阳光一样受到所有家庭的欢迎。

卡莱尔在他的《回忆录》里说到了爱德华·欧文乐观助人的性格："他平静、乐观、亲切。欧文的话语对我来说就是一种充满幸福和新希望的声音。"

绍迪对威廉·威尔伯福斯这样赞美道："我从来没有见过其他任何人能像他这样享受永久的平静和精神的阳光。"

戈德史密斯在佛兰德斯时，发现了一个他所见过的最快乐的人。这个人干活时从早到晚歌声和笑声不断。然而，这个性情乐观的人是一个奴隶，残废、丑陋、戴着脚镣。他充分证明了那句话：如果没有光明的一面，就去改善阴暗的一面！

在一次花展上，一个苍白病弱的小女孩夺得了一等奖。她住在伦敦东区的一个狭窄、阴暗的庭院里。

评委问她是怎样在这样一个肮脏、阴暗的地方种出了如此美丽的花。她回答说，是一小缕阳光照进了庭院，每天早上太阳一出现，她就把花放在这缕阳光下，随着光线移动，她也移动花盆，这样她就可以让花儿一整天在阳光下。

"水、空气和阳光这三种最有益健康的因素是免费的，人人都能得到，"沃尔特·惠特曼说，"12 年前，我来到卡姆登想死。但我每天走进乡村，沐浴在阳光下，和小鸟与松鼠共同生活，和那些鱼儿在水里嬉戏时，我从大自然中得到了健康。"

弗洛伦斯·南丁格尔说："在我照顾病人的所有经历中，有一种观点说病人对灯光的需要仅次于对新鲜空气的需要，这是一个不合格的结论。在一个封闭的房间里，对病人伤害最大的是房间的阴暗；他们需要的不仅是灯光，而且他们需要阳光的直射。"

太阳使万物生长，同时发挥着最令人愉快的影响，使人精神振奋、心情愉快。

如果一个人心里拥有阳光，他就会走上幸福之路；在压力下也愿意向前看，即使有片刻沮丧，也不会减少一丝精神或希望；不仅自己幸福，而且把幸福送给他人。

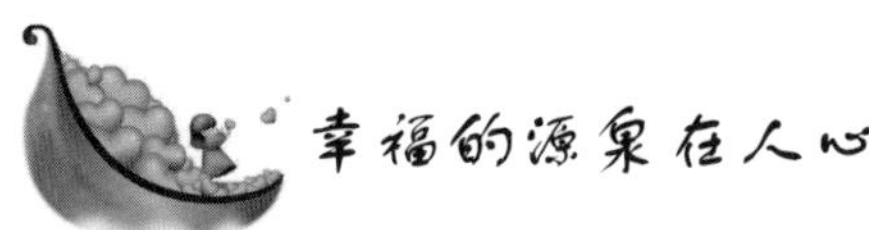

幸福的源泉在人心

生活就像一辆载重卡车，喜与悲有如两个车轮。没有苦难，就没有王冠。没有痛苦，就没有欢乐。

有两种不同的思想：一种过一天少一天，另一种是过一天享受一天。仅一字之差，就反映出了截然不同的心态。

生活就像不断投资的过程。因此，就某种意义来说，生活就是资本。

生活如同一本书，谱写这本书可以有两支笔。一支描写成长，另一支描写衰老。一支描写成功，另一支描写失败。

换句话说，一支在描述幸福，另一支在表现悲伤。

当你拥有生命时，就应该好好利用它，使之变成伟大的行动。请记住，积极的态度创造精彩的人生，而消极的态度则虚度人生。

一天中午，一位富有的女士去拜访一个贫穷但幸福的家庭。她正要敲门时，听到屋里有人在说话。

一个小女孩说：“今天你想吃炖肉吗？”

另一个女孩说：“不，我想吃烤鸡肉。”

听到这里，那位女士敲门，进了屋里。她看到她们坐在桌边。让她吃惊的是，桌子上只有几片又薄又干的面包、两个凉土豆和一罐水。

那位女士问她们这是怎么回事。她们说她们是那样想象的，这

样可怜的食物就变成了各种各样的美食。

一个女孩说："当你把这面包想成薄煎饼时，它就会美味可口。"

另一个女孩说："如果你把这面包想成冰淇淋，它就会更香甜可口。"

那位女士离开这家人时，对幸福有了新的理解。她发现幸福的源泉不在物质，而在人心。

我们生活中的幸福在哪里呢？它在我们的心里。

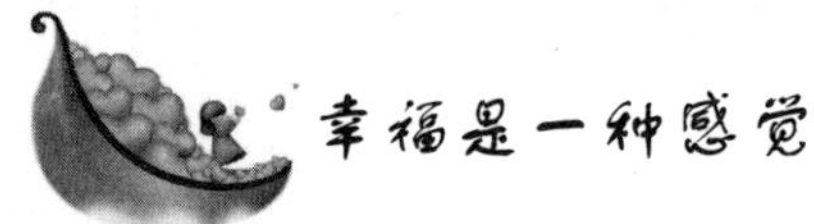

幸福是一种感觉

前几天，我和一位朋友在食品杂货店排队买东西时，我对她说自己的孩子们是多么懒。那天我下班回家后，家里像大多数时候那样乱得不成样子。

"我认为现在的孩子只是伸手索取。我为他们竭尽全力，可他们连帮我保持房间干净都做不到。就是我不烦，别的女人看到我的家又脏又乱也会笑话我。"

"你知道自己有多幸福吗？"我们身后的一个女人说，"我真想回到家，看到家里乱得不成样子。我不会介意地毯弄坏、碟子乱放。我不会介意脏衣服成堆、好袜子不成对。就是什么人对我脏兮兮的家说三道四，我也不会介意。事实上，我喜欢这样。我真想告诉自己的孩子们我是多么爱他们。你明白，我的两个孩子在一次车祸中死了，现在就剩下我和丈夫了。我的家里总是很干净。

墙上没有手指印，地毯上没有莫名其妙的污点。没有吵闹声，没有重重的关门声，没有笑声，也没有人说'我爱你，妈妈'。所以，你明白，你非常幸福。你现在讨厌的一切正是我渴望得到的啊。我多么希望能抱着自己的孩子，擦去他们的眼泪，分享他们的梦想。或者只是看着他们玩。如果我还有孩子，我是不会介意自己的家里是什么样子的。只要拥有他们，我就会幸福的。”

现在，如果你来我家里，看到还是那么乱七八糟，你怎么往坏处想都可以，但我感到非常幸福。

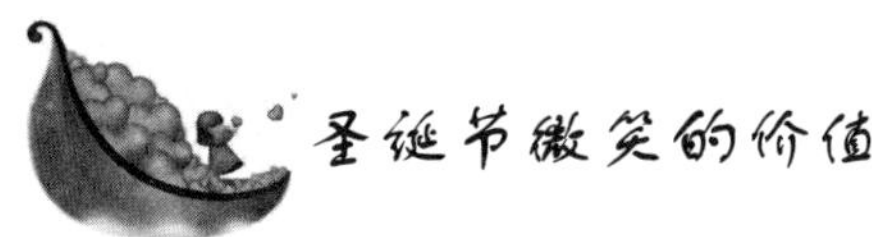

圣诞节微笑的价值

如果你希望别人愉快接见你，你必须愉快会见别人。

我曾要求数千人时刻对某人微笑，持续一周后，到班里来说说结果。

它会起怎样的作用呢？我们来看一下……这是纽约股票经纪人威廉·斯坦因哈特写的一封信。他的情况并不是孤立的。事实上，它在数百案例中具有代表性。

“我已经结婚 18 年多了，”斯坦因哈特先生写道。“在此期间，我从起床到准备去上班，很少对妻子微笑，也很少说二十几个词。我是那些走在百老汇大街的人当中最糟糕的一个。

当你要我谈一下自己微笑的经验时，我认为我要尝试一星期。所以，第二天早上梳头时，我看看镜子里自己哭丧着脸，就对自己说：‘比尔，你今天要把脸上的愁容一扫而光。你要微笑，马上就开始。’当我坐下来吃早饭时，我向太太招呼说：‘早安，亲爱的，’而且一边说，一边对她微笑。

你曾提醒过我，她可能大吃一惊。噢，你低估了她的反应。她不知所措，大为震惊。

我告诉她说，她以后可以把这看成平常的事情，而且我每天早上都要这样做。

这种改变的态度两个月里给我们家带来的快乐比去年一年的还要多。

我离开家去办公室时，会对公寓大楼的电梯员微笑说‘早上

好！’我还微笑着和看门人打招呼。

我在地铁售票处兑换零钱时，也会向出纳员微笑。

我站在证券交易所时，向那些从未见过我微笑的人微笑。我发现每个人也都对我微笑。

我用一种愉快的方式对待那些向我抱怨或诉苦的人。我一边微笑一边听他们说，我发现调解起来要容易得多。我发现微笑给我带来金钱，每天都财源滚滚。

我和另一位经纪人共用一间办公室。他的一个职员是可爱的小伙子。我为自己取得的成效洋洋得意，最近就把自己人际关系的新人生观告诉了他。

后来，他承认说，我起初和他的公司共用办公室时，他还以为我是一个郁郁寡欢的人呢，直到最近才改变了看法。他说，我微笑时的确有人情味。

我也改掉了批评别人的习惯。现在，我总是欣赏和赞扬，而不是指责。而且这些东西实际上已经彻底改变了我的生活。

我完全变成了另一个人，一个更快乐、更充实的人——毕竟这才是真正重要的东西。”

你不想微笑吗？那怎么办？做两件事。

首先强迫自己微笑。如果你一人独处，就强迫自己吹口哨、哼小曲或唱歌，装作自己非常快乐的样子，这样就会让你快乐起来。

世界上每个人都在追求快乐，找到快乐只有一个可靠的方法，那就是控制我们的思想。快乐并不依靠外在条件，而是依靠内在条件。

决定你快乐不快乐的不是你有什么、你是谁、你在何处或你正在做什么，而是你有什么想法。比如，两个人也许在同一个地方做同样两件事，两个人也许拥有同样多的金钱和声望，但其中一个也许很痛苦，另一个则很快乐。为什么？因为想法不一样。

我曾看到贫穷的农夫在热带酷热难当的地方用原始工具辛苦劳作，但他们的笑脸和我在纽约、芝加哥或洛杉矶的办公室里看到的

笑脸一样多。

“事情没有好坏之分，”莎士比亚说，“只是思想不同。”

亚伯·林肯曾说过：“大多数人的快乐是因为他们决定快乐。”他说的对。

无论何时你出门，要收下巴，头抬高，吸收阳光，用微笑来问候朋友们，每一次握手都要注入灵魂。别怕误解，别浪费一分钟去想自己的敌人。

尽力下定决心去做你喜欢做的事情，然后不要偏离方向，直达自己的目标。聚精会神做你喜欢做的伟大美好的事情。然后，随着岁月流逝，你会发现自己不知不觉抓住了实现自己心愿所需要的机会。

你在心里把自己想象成你渴望做的干练、认真、有用的人，你心里的想法每时每刻都在把你变成你所希望的那种不同寻常的人……思想至高无上。

保持一种正确的人生态度，一种勇敢、坦率和乐观的态度。思想正确就是创造。一切事情都源于希望，每个真诚的祈祷都会实现。

几年前，纽约市一家百货商店为缓解圣诞节高峰期店员们的压力，展出了下面这个亲切的广告：圣诞节微笑的价值。

它分文不花，却创造多多。它让得到者富有，付出者也不会贫穷。它在瞬间发生，有时却给人留下永恒的回忆。它给疲惫者带来休息，给沮丧者带来光明，给悲伤者带来阳光。

但它买不到，讨不来，借不了，偷不走，因为你把它送给别人才会有好处。

在圣诞节最后一分钟的高峰期，如果我们的售货员太累没有向你微笑，请你留下一个微笑好吗？因为那些无法给予微笑的人更需要微笑！

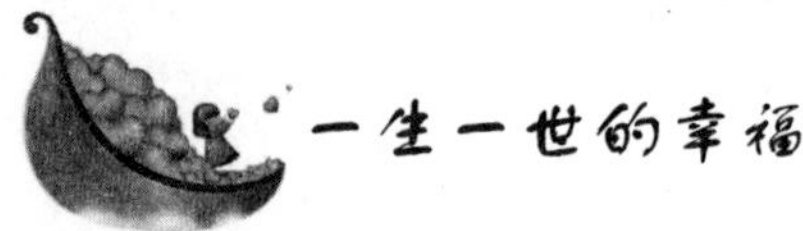

一生一世的幸福

从前，一个富人和一个穷人谈论什么是幸福。

穷人说："幸福就是现在。"

富人望着穷人的茅舍和破旧的衣着，轻蔑地说："这怎么能叫幸福呢？我的幸福可是百间豪宅、千名奴仆啊。"

当晚，一场大火把富人的百间豪宅烧得片瓦不留，奴仆们各奔东西。一夜之间，富人沦为了乞丐。

一天，酷暑难熬，这乞丐路过穷人的茅舍，想讨口水喝。穷人端来一大碗清凉的水，问他："你现在认为什么是幸福。"

乞丐眼巴巴地说："幸福就是此时你手中的这碗水。"

幸福本来就是现在。只有将一个个现在串起来，才有一生一世的幸福。

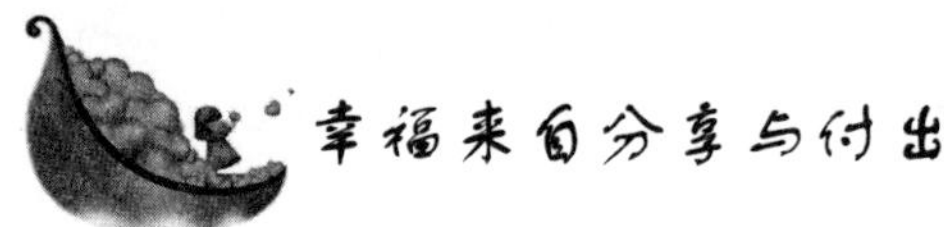

幸福来自分享与付出

有个人年轻时拼命赚钱，中年时终于实现了自己的梦想，成为一个富翁。

可是，物质丰富的他其实并没有因为达到梦想而感到幸福。他的一个经营香草园的高中同学反而过着平凡却幸福的生活，时常可以看见他那愉快的笑脸。

对此，他十分不解。

有一天，他很不甘心地请教这位同学："我的钱可以买100个香草园，可为什么我没有你幸福？"

同学指着旁边的窗户问："从窗外你看到了什么？"

富翁说："我看到很多人在逛花园。"

同学又问："那你在镜子前又看到了什么呢？"

富翁看到镜子里憔悴的自己说："我看到了我自己。"

同学问："哪一个风景更辽阔呢？"

富翁说："当然是通过窗户看得远了。"

同学微笑道："就因为你活在镜子的世界里！当你试着将镜子后面的那层水银剥掉，你就会看到全世界。"

幸福来自分享与付出。生命意义的本质不在于拥有，而是分享。与人分享幸福的人，永远都有享不尽的幸福。

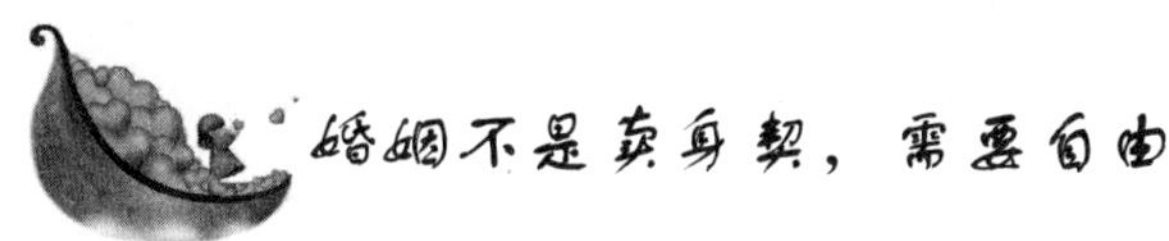

婚姻不是卖身契，需要自由

队长在森林里迷路 3 天了，筋疲力尽，最后昏倒在地上。

醒来以后，他发现自己躺在一间小木屋里。他左顾右盼，寻找救命恩人，结果看到一位丑陋的巫婆走进门来，队长很感激地说："是你救了我吗？非常感谢你。"

巫婆用沙哑的声音说："年轻人，你必须娶我，以报答我对你的恩情。"队长一脸铁青，但想到是巫婆救了他，也就勉强答应了。

结婚当天，巫婆在喜宴上吃相难看，还不时发出难听的怪声，不知道有多少人私下窃笑队长那又丑又老的妻子。可是，为了报答救命之恩，队长只好忍受这样的窘境。

晚上两人进到房间，巫婆脱下礼服，施展了一点小法术，摇身一变，成为一位美若天仙的少女。一瞬间，队长不敢相信自己的眼睛。

她向队长说："因为你容忍我在喜宴中的放肆行为，我决定每天有 12 小时变成少女，你可以决定是白天或是晚上，一旦决定以后就不能改变。"

队长陷入两难的僵局，因为如果她白天变成少女，带她出门的时候，可以满足自己的虚荣心，可以让旁人羡慕，但晚上却必须和丑陋的巫婆共枕。如果选择晚上，白天就得忍受众人对他的指指点点，但却可以与少女共度春宵。

这两种选择都不是最好的，于是队长叹息说："我不知道该怎么决定，还是你自己决定要扮演什么角色，我不会干涉你的生活的。"

巫婆听了很开心，温和地说："谢谢你对我的包容，我决定，每天 24 小时都变成少女，终身与你相聚在一起。"

婚姻绝对不是一纸卖身契，爱人都有着属于自己的自由。如果想把对方掌控在自己的手心，那么幸福必将变得遥不可及。